AF642056

# LADA NIVA

## DIE GELÄNDE-LEGENDE

Alexander F. Storz

Motor
buch
Verlag

## IMPRESSUM

Einbandgestaltung: Luis dos Santos

Bildnachweis: Jens-Peter Berthmann, Archiv Storz – Fotos und Prospekt-/Werberepros (102), Alexander Franc Storz (18), AvtoVAZ/Archiv AvtoVAZ (7), Ralf Weinreich (4)

Eine Haftung des Autors oder des Verlages und seiner Beauftragten für Personen-, Sach- und Vermögensschäden ist ausgeschlossen.

ISBN: 978-3-613-04317-6

Copyright © by Motorbuch Verlag,
Postfach 103743, 70032 Stuttgart
Ein Unternehmen der Paul Pietsch Verlage GmbH & Co. KG

1. Auflage 2021

Sie finden uns im Internet unter www.motorbuch-verlag.de

Nachdruck, auch einzelner Teile, ist verboten. Das Urheberrecht und sämtliche weiteren Rechte sind dem Verlag vorbehalten. Übersetzung, Speicherung, Vervielfältigung und Verbreitung einschließlich Übernahme auf elektronische Datenträger wie DVD, CD-ROM usw. sowie Einspeicherung in elektronische Medien wie Internet usw. ist ohne vorherige schriftliche Genehmigung des Verlages unzulässig und strafbar.

Lektorat: Joachim Köster
Innengestaltung: Ralf Weinreich
Druck und Bindung: Graspo CZ, 76302 Zlin
Printed in Czech Republic

DDR-Handwerker-Traum: Der Niva 1600.



LADA

Die Sowjets schickten Laika ins All, einen Hund als erstes Lebewesen im Weltraum. Sie betrieben das erste Atomkraftwerk, hatten das erste Satellitenfernsehen, transplantierten als Erste Herz und Leber bei Tieren. Im Rahmen ihrer zugestandenen Möglichkeiten, definiert durch die marxistisch-leninistische Erkenntnistheorie, war die sowjetische Wissenschaft in Teilbereichen weltweit führend. Aber nicht in Sachen Automobil. Da hinkten die Sowjets, wie überhaupt die gesamte Industrie des Ostblocks, dem Westen hinterher: veraltete Fahrzeuge aus Eigenentwicklung, und wenn etwas Automobiles halbwegs auf der Höhe der Zeit war, so waren es westliche Lizenzen – vor allem Fiat engagierte sich als Lizenzgeber.

Nur ein einziges Mal schaffte es die Sowjetunion mit einer automobilen Eigenentwicklung, Schrittmacher zu sein, mit dem Lada Niva. Der erste ernst zu nehmende Geländewagen mit selbsttragender Karosserie, der erste Geländewagen mit vernünftigen Straßenqualitäten, der erste preiswerte Kraxler, den sich breite Bevölkerungsschichten leisten konnten. Er ist, streng genommen, der Begründer eines Genres, das heute allenthalben die Straßen bevölkert: Der Lada Niva ist das erste SUV. 1977 lief der erste Niva vom Stapel, und noch heute, 44 Jahre später, läuft er in Togliattigrad vom Band, wenngleich er seit Ende 2019 offiziell nicht mehr nach Europa exportiert wird. Von Exoten wie dem britischen Morgan und dem russischen UAZ-469 Tundra abgesehen, ist kein heute noch produzierter Neuwagen älter als er (das Mercedes G-Modell erschien zwei Jahre nach dem Niva, und ein heutiger Porsche 911 hat kein Bauteil mehr gemein mit dem Ur-Elfer, gilt also nicht).

Er kam genau zur richtigen Zeit, Ende der 1970er Jahre, als in Europa und in Westdeutschland ein Geländewagen-Boom einsetzte, als kleine, freche Offroader wie der Suzuki Eljot und später Samurai als Zweitwagen populär und große à la Chevy Blazer oder Range Rover

**Kein großer optischer Unterschied: weißer Lada Niva in einem der ersten sowjetischen Prospekte von 1978 ...**

**... und balticblauer Niva Only im Safari-Look mit etlichem Werkszubehör von 2010.**

als Erstwagen salonfähig wurden. Aber zum lustigen Stoppelhopser wurde der Lada Niva erst durch die westlichen Importeure, die ihn mit fetzigen Felgen und buntem Streifendekor aufwerteten. Der reine Niva war stets ein ernsthafter Wagen. Er sollte die ländliche Sowjetunion mobil machen, die Menschen auf Schlamm- und Schotterpisten transportieren, wo der Shiguli, also die Lada-Limousine auf Fiat-124-Basis, überfordert gewesen wäre. Im Westen hingegen entdeckten ihn Jäger und Förster, Architekten, Land- und Tierärzte sowie Almbauern für sich. Und so mancher urbane Hipster, der es als schick empfand, mit einem Lada Niva in seinen Kreisen zu brillieren.

Das Buch setzt sich mit dem Lada Niva ab seinem ersten Tag bis heute auseinander, beleuchtet ihn historisch und ein wenig soziologisch, geht auch auf seine Technik ein (ohne als Reparaturhandbuch zu dienen, dafür gibt es andere Publikationen) und zeigt seinen Stellenwert und seine Besonderheiten in den jeweiligen Exportländern. Es will die Faszination rund um den kultigen Lada Niva ausleben, aber auch erklären.

Ulm, im April 2021 Alexander Franc Storz

# Ein Auto mit langer Amtszeit

## Der Niva überlebt viele Parteiführer

Schon der Gründer des großen Russischen Reiches hieß Vladimir, Vladimir der Heilige, um das Jahr 1000. Das erste absolutistische Terrorregime etablierte im 16. Jahrhundert der erste russische Zar, Ivan IV., genannt der Schreckliche. Der letzte Zar, Nikolaus II., kam 1884 an die Macht und musste bei einem Krieg gegen Japan eine verheerende Niederlage einstecken, in deren Folge Armee und Bevölkerung unzufrieden wurden. Arbeiterräte, die Sowjets, streikten und revoltierten, 1917 kippte die Lage, die Armee verbrüderte sich mit den Aufständischen. Nikolaus dankte nach der Februarrevolution ab, Arbeiter- und Soldatenräte übernahmen die Regierung. Lenin, aus dem Exil zurückgekehrt, löste die Oktoberrevolution aus, und die kommunistischen Bolschewiken übernahmen die Macht.

Nun wurde eine sozialistische Lebens- und Wirtschaftsordnung eingeführt, kein Großgrundbesitz, Kontrolle der Produktionsmittel durch die Arbeiter, Verstaatlichung von Handel und Industrie. Ende 1922 schließlich Zusammenschluss aller Sowjetischen Sozialistischen Republiken zur UdSSR, also zur Sowjetunion. Nach Lenins Tod 1924 übernahm Stalin. Die UdSSR gehörte zu den Siegern des Zweiten Weltkriegs. Danach wurde auf den Konferenzen von Jalta (Februar 1945) und Potsdam (Juli/August 1945) die politische Welt neu geordnet, das Einflussgebiet der UdSSR dehnte sich auf das komplette Osteuropa aus (Ostblock), die westlichen Alliierten intervenierten in der sowjetischen Einflusssphäre nicht. Die dann eingerichtete Werteordnung blieb bis zum Systemzusammenbruch des Kommunismus' aufrecht erhalten, und in diese Werteordnung ist auch die sowjetische Automobilindustrie tief eingebettet.

Nach Stalins Tod 1953 wurde Nikita Chruschtschow Ministerpräsident und Generalsekretär der KPdSU, nach seiner Absetzung 1964 übernahm Alexej Kossygin – der die Initiative zum Lada Niva ergriffen hatte. Der Niva überlebte eine ganze Reihe sowjetischer Ministerpräsidenten, Leonid Breschnew und dessen beide kurzzeitigen Nachfolger Juri Andropov und Konstantin Tschernenko, er überstand die Glasnost- und Perestroika-Politik Michail Gorbatschows und den ersten frei gewählten Präsidenten Russlands, Boris Jelzin. Ihm folgten Vladimir Putin, anschließend Dimitri Medvedev und dann erneut Vladimir Putin. Ob der Lada Niva Vladimir Putins Amtszeit überleben wird, scheint sehr fraglich. Jedenfalls passt er in die Reihe jener, die ihre Ämter sehr lange begleiten. Seine Amtszeit dauert seit 1977 (Produktionsstart 5. April 1977) und somit seit 44 Jahren an. Er ist noch im Amt, aber er schwächelt. Sein Nachfolger klopft in Form eines Concept Cars bereits an die Türe. Aber Totgesagte haben bekanntlich meist ein langes Leben vor sich. Gerade in Russland.

**Unermüdlich und unendlich purzelten sie vom Fließband in Togliattigrad, ganz frühe Lada 1200, also Shiguli VAZ-2101, noch mit Stoßstangenhörnern. In die DDR wurden diese Wagen eingeführt, in die Bundesrepublik nicht.**

**30 Millionen Lada feierte AvtoVAZ am 25. September 2020. Links ein Ur-Shiguli von 1970, rechts der aktuelle Lada Granta, seit 2011 in Produktion.**

## Ein italienischer Kommunist stand Pate: Das AvtoVAZ-Werk in Togliattigrad

Nach eher embryonalen Anfängen gründete das zaristische Russland 1918 eine Behörde zur Erforschung von Automobilen, das »Wissenschaftliche Auto-Institut«, weithin als NAMI bekannt. Die UdSSR konzentrierte sich auf dringend benötigte Nutzfahrzeuge, Pkws wurden als behördliche Notwendigkeit, aber als privater dekadenter Luxus angesehen. Die ersten großen Fabriken in Gorki und Moskau entstanden Anfang der 1930er Jahre mit Ford-Entwicklungshilfe (Ford AA LKW, Ford A PKW als GAZ-A), zu Kriegszeiten die Geländewagen GAZ-64 und GAZ-67. Die Fabrik baute nach dem Krieg große Wagen, den Pobjeda und Volga sowie die Oberklasselimousinen ZIM und Chaika.

Das Moskauer GAZ-Montagewerk namens KIM fertigte in den 1930er Jahren eine Eigenkonstruktion namens KIM-10 in der Art des Ford Eifel/Opel Kadett, vorzeitiger, kriegsbedingter Produktionsstopp. Nach dem Krieg wurde hier der Opel Kadett K38 als Moskvitch gebaut, dessen Produktionsanlagen die Sowjets im Zuge der Reparations-

**Kyrillisch beschriftet: Deckblatt für den Prospekt des Moskvitch 400, der nichts anderes war als der 1938er Opel Kadett aus sowjetischer Herstellung nach der Entführung der Produktionsanlagen aus Rüsselsheim durch die Sowjets.**

**Diese drei waren diejenigen, die am häufigsten auf sowjetischen Straßen unterwegs waren, als der Lada zur Welt kam: Volga GAZ-21, Moskvitch 408/412 und der kleine ZAZ-965. Das Foto von 1967 zeigt sie in belgischer Umgebung, als Importe von Scaldia-Volga in Brüssel und deshalb auch mit belgischen Kennzeichen. Der Volga hat einen westlichen Dieselmotor unter der Haube.**

leistungen aus Rüsselsheim entführt hatten. Der Moskvitch war eine wichtige Stütze des sowjetischen PKW-Baus, mehrere, langlebige Generationen. Dann gab es noch den Luxuswagenhersteller ZIS/ZIL, der Wagen für die Politelite baute, und die NAMI-Entwicklung Zaporojez ZAZ, einen ebenso robusten wie rustikalen Kleinwagen.

Etliche subordinierte Fabriken in den sowjetischen Teilrepubliken bauten Versionen dieser Fahrzeuge, manche davon mehr oder weniger abgewandelt. Groß war die automobile Vielfalt vor dem Lada nicht in der Sowjetunion, ein Wagen fürs Volk war allenfalls der Zaporojez, schon der Moskvitch war für das gemeine Volk unerreichbar. Die UdSSR litt stets unter Auto-Notstand und musste importieren. Mit Moskvitch und Zaporojez hatte die Sowjetunion zwar die richtigen Autos fürs Volk, aber beide Fabriken konnten den für die 1970er Jahre erwarteten Kaufwunsch rein aus Kapazitätsgründen nicht erfüllen. Ein modernes, großes Werk musste her, das den ungeheuren Bedarf stillen konnte. Ein echt großes Werk.

**Die zweite Zaporojez-Generation in später Ausführung, ZAZ-968M als Neuheit auf der Posener Messe 1980 neben einem Lada Niva.**

## Kommunisten hier und Kommunisten da: Italien hilft

Die KPdSU hatte schon immer einen guten Draht zu den italienischen Kommunisten, und diese hatten Macht in ihrem Land. Die Partito Comunista Italiano (KPI) war sogar die einflussreichste KP in ganz Westeuropa, Stalin hatte sie mit Geld aufgepäppelt (5 Mio. Dollar jährlich). Viele sowjetische Emissäre besuchten Fiat in Turin. Ihnen gefiel der Autobianchi Primula gut, Frontantrieb, Kompaktkarosserie – quasi der konstruktive Vorläufer des VW Golf, ein hochmodernes Auto. Fiat wollte den Sowjets aber ihren 1966 erschienenen Fiat 124 schmackhaft machen und setzte sich durch.

Der Standort: 1957 ging die Stadt Stavropol-Volschski in den Fluten eines Stausees unter und wurde an den Ufern der Wolga neu aufgebaut. 1964 erhielt sie den Namen Toljatti – zu Ehren des Gründers der kommunistischen Partei Italiens, Palmiro Togliatti, der im selben Jahr gestorben war. Seine letzten Jahre hatte er im sowjetischen Exil verbracht, im Moskauer Exilanten-Hotel Lux. Hier nun baute die UdSSR nicht nur ein neues Werk, sondern auch eine neue Stadt. Und zwar innerhalb von nur drei Jahren, zwischen 1966 und 1969. Das Werk heißt

VAZ, was für Volschsky Avtomobilny Zavod steht, also Autofabrik an der Wolga.

Ende 1969 lief der erste Lada 1200 in Vorserie vom Band, im April 1970 war offizielle Eröffnung des Werkes: drei Montagebänder von je 1800 Metern Länge auf 600 Hektar Fläche, alles inklusive, Gießerei, Presswerk, Lackierung, Montage, chemische Betriebe. Das war damals ein weltweit einzigartiges Integrationsmodell, AvtoVAZ war nahezu autark von Zulieferern. Und das klappte alles in dieser kurzen Zeit, obgleich es von Kommunisten und Italienern geplant und realisiert wurde. Die westliche Automobilwelt nahm es staunend zur Kenntnis.

Im Sommer 1970 erschien der VAZ-2101 alias Shiguli alias (im Export) Lada. Das ist jener, der auf den ersten Blick aussieht wie der Fiat 124, der sich aber in über 800 Bauteilen vom Vorbild unterscheidet. Diese Veränderungen wurden in Italien konstruiert, nicht in der UdSSR, aber in Zusammenarbeit mit sowjetischen Ingenieuren. Das heißt, der Lada ist in seiner Gesamtheit eine italienische Konstruktion, bei der Sowjets mitwirkten. Die Karosserieveränderungen von Fiat zu Shiguli sollen unerwähnt bleiben, weil sie mit dem späteren Niva nichts zu tun haben. Die Motormodifikationen allerdings sind wichtig, weil sie die Grundlage für den späteren Niva-Motor sind. Der Hubraum wurde auf 1196

**Bevor der Lada kam, war der Moskvitch in der UdSSR das erstrebenswerte Fahrzeug. Im Bild zwei in der DDR zugelassene Moskvitch 408 (1964 bis 1970), der rechte mit nachgerüsteten Zusatzscheinwerfern.**

**Der Moskvitch wurde modern gehalten. Auf der Leipziger Herbstmesse 1981 präsentiert sich ein Moskvitch 1,5 SL, die Luxusvariante des Moskvitch 2140 für den Export.**

cm³ vergrößert, 65 PS, Verdichtung 8:1. Trockene Zylinderbuchsen, um den Abrieb der Zylinderwände zu begrenzen. Alu-Zylinderkopf und oben liegende Nockenwelle (Fiat: Kopf aus Grauguss, Kipphebel). Der Motor akzeptierte die in der UdSSR übliche Oktanzahl von 92 ROZ und war auf maximale Lebensdauer ausgelegt, bei größtmöglicher Wartungsfreundlichkeit. So gab es keine Schmierstellen, und auch die Einstellmöglichkeiten wurden auf ein Minimum reduziert. Konstruktiv begleitet dieser Motor den Lada Niva bis heute.

Notwendig für den Erwerb eines Shiguli waren ein Parteibuch und ein Mindestsparguthaben. Weil ein Großteil exportiert wurde, hatte der Shiguli in der UdSSR jahrelange Lieferfristen. Er war sehr begehrt, markiert ein neues automobiles Zeitalter. Einen so modernen Wagen hatten die Sowjetbürger bis dato nicht. Auslandspremiere auf dem Brüsseler Salon im Januar 1971, Exporte sukzessive nach Jugoslawien, Finnland, Belgien und Niederlande, 1972 in die DDR und andere Ostblockstaaten, 1973 nach Westdeutschland und Frankreich, 1974 nach Großbritannien.

Der erste Lada war ein Exportschlager, sein Hauptargument war der Preis. Viele westliche Kommunisten und Sozialisten kauften den Wagen gerne, aus ideologischen Gründen, und mussten mit ihm endlich keine Defizite mehr spazieren fahren, wenn sie einen Ostblockwagen bewegten. Der Service war im Westen nicht immer gut, Fiat-Händler verweigerten die Hilfe (und ihnen wurde anfangs von Fiat verboten, Lada als Submarke zu vertreten), der Lada rostete stark, wenn er wenig gepflegt wurde, und ein Billigauto wird in der Regel weniger geliebt und gepflegt als eine teurere Anschaffung. Das schlechte Markenimage, das Lada in den 1970ern im Westen hatte, hing auch mit der Mentalität seiner Käufer zusammen. Doch trotz Markenimage, der Lada verkaufte sich gut.

Das Angebot explodierte rasch, es wurde richtig unübersichtlich, manche Modelle gab es nicht im Export, manche nur im Export. Im

Kein Lada. Ein Fiat 124, frühe Version, Westdeutschland-Import durch die Deutsche Fiat in Heilbronn.

Die Sowjets hätten lieber den Autobianchi Primula statt des Fiat 124 als Shiguli gehabt. Kaum vorzustellen, wenn sie in immenser Stückzahl einen Wagen nach dem Golf-Prinzip gebracht hätten – Jahre, bevor es den Golf gab. Denn der Autobianchi hatte einen quer eingebauten Frontmotor mit Frontantrieb sowie eine Schrägheckkarosserie mit großer Klappe. Wie der Golf.

April 1971 erschien der Kombi, im Januar 1973 der VAZ-2103 alias Lada 1500S mit 1451 cm³, 77 PS, Doppelscheinwerfer im verchromten Grill, Zierleisten, innen billiges Holzimitat, und dem 1200er wurde 1974 ein 1300er zur Seite gestellt. Ende 1975 kam der VAZ-2106 alias Lada 1600 mit 78 PS, 150 km/h schnell, und dessen Motor erbte später der Niva. Die Bänder liefen auf Hochtouren, 2230 Fahrzeuge pro Tag, alle 22 Sekunden eines.

1980 stilistische Verjüngung mit dem VAZ-2105 (im Westen: Lada Nova, in GB Lada Riva) mit neuer Front und neuem Heck. 1982 kam der »russische Mercedes«, der VAZ-2107 mit massivem, rechteckigem Chromkühlergrill, viel Prestige für ein Kommunistenauto. Ende 1984 Automatik für den 2105, Fünfganggetriebe für den 2107. Auf den westlichen Märkten starb der Ur-Lada 1995, letzter Mohikaner war der VAZ-2104 Kombi, nunmehr mit dem 1690-cm³-Motor mit 84 PS aus dem Lada Niva und General-Motors-Einspritzung, bis 1998 in Frankreich ausgeliefert (Namen: Lada Kalinka). Im Osten ging die Karriere des Ur-Lada munter weiter, er ist das Symbol der Massenmotorisierung und wurde im Jahre 2000 in Russland zum »russischen Auto des Jahrhunderts« gewählt. Nicht mehr in Togliattigrad, sondern nunmehr bei IZH lief der letzte Ur-Lada 1200 erst im Dezember 2005 aus. Der Lada in seiner Fiat-124-Form war allerdings trotzdem noch nicht am Ende, seine Produktion dauerte als VAZ-2107 bis 2014.

**Kurz nach der Präsentation des Lada ging sofort der Export los. Aufnahme eines ziemlich neuen Wagens 1972 in Balatonelle in Ungarn.**

Motorsporterfolge steigern das Vertrauen der Käufer in ein Auto. AvtoVAZ wusste das, engagierte sich, unterstützte auch Privatfahrer, selbst im Ausland. Im Bild ein früher Lada 1200, noch mit Stoßstangenhörnern, bei der 16. Internationalen Taurus-Rallye im August 1977 bei Budapest, Fahrer István Gyabronka mit seinem Co László Rácz. Ergebnis: Rang 24 von 48 Angekommenen und 107 Gestarteten.

Die Motorkonzeption des Lada entspricht nicht nur modernsten Gesichtspunkten, sondern nimmt insbesondere auf Langlebigkeit, Anspruchslosigkeit und einfache Wartung Rücksicht. Besondere Merkmale sind der sehr kurze Hub, die mittels Doppelrollenkette angetriebene, obenliegende Nockenwelle, die trockenen Laufbuchsen und die aus besonders verschleißfesten Legierungen hergestellten Ventile.

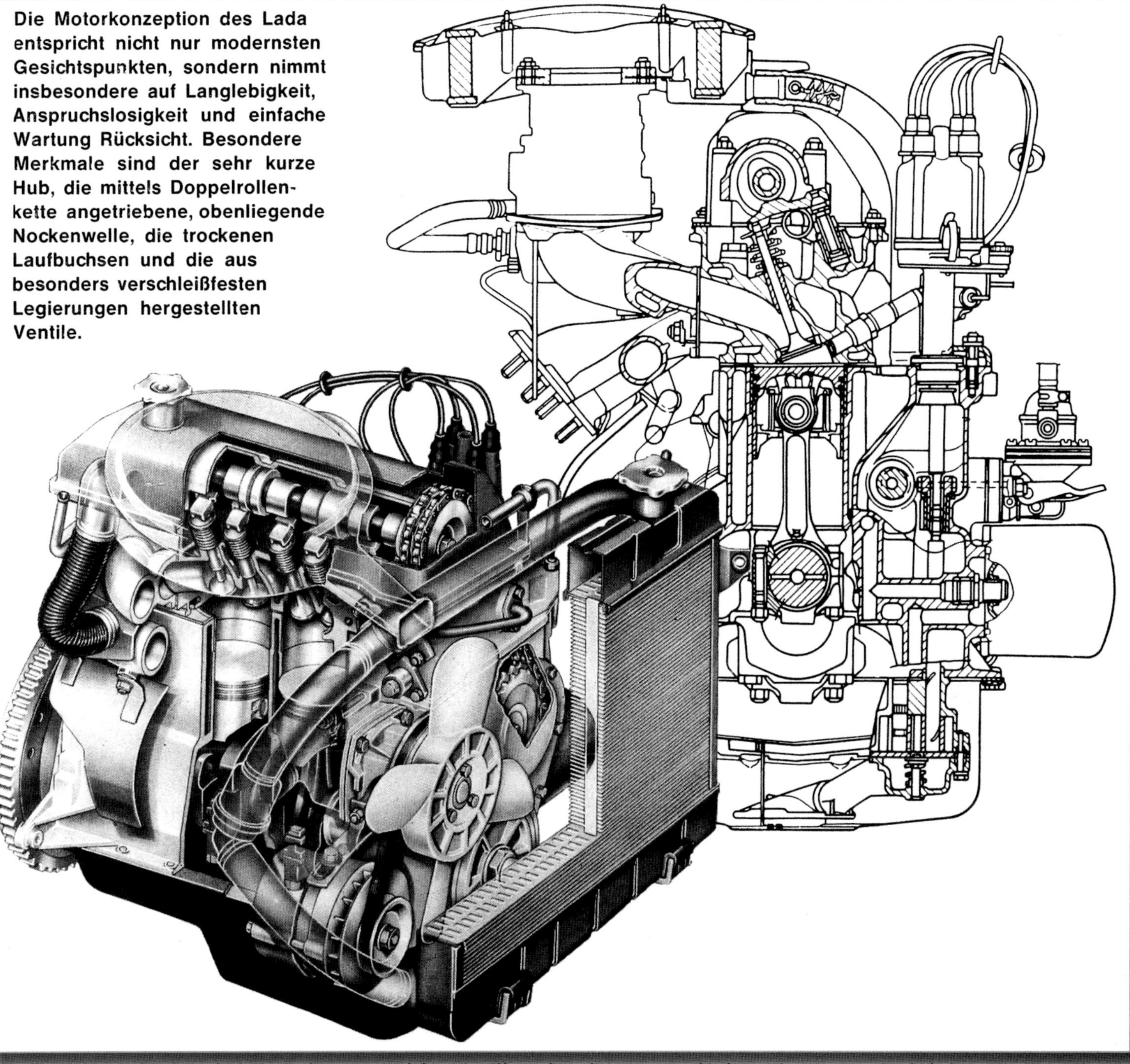

Von außen gab es außer den Schriftzügen, dem Logo und den Türgriffen nahezu keinen Unterschied zum Fiat 124. Unterm Blech dagegen umso mehr, vor allem unter der Motorhaube.

In allen Generationen war der Shiguli auf sowjetischen Straßen unterwegs, man fuhr ihn gerne, man hatte ihn lieb. Recht neuer VAZ-2105 Mitte der 1980er Jahre, daneben ein älterer Volga GAZ-21.

Gebaut wurde der Epigone des Fiat 124 bis 2014. Nach Westdeutschland importiert wurde er bis Mitte der 1990er Jahre, zuletzt nur noch als Kombi mit dem 1,7-Liter-Einspritzer aus dem Niva. Im Bild ein westdeutscher Nova GLS Kombi. Die Fahrzeuge auf den Pressefotos des Westdeutschland-Importeurs tragen stets ein WL-Kennzeichen. Das steht für Winsen an der Luhe, und auch Neu-Wulmstorf trägt es, wo die Deutsche Lada beheimatet war.

# Ein neues Genre: Der Lada Niva

Es galt: entweder Geländewagen oder Personenwagen. Zwar kann und muss ein Geländewagen auch Personen transportieren, aber sein Hauptverwendungszweck, der meist militärische Ursprünge hat, liegt auf der Geländegängigkeit. Die erwirbt er durch spezielle Technik: stabiler, separater Rahmen (also keine selbsttragende Bauweise), unverwüstliche Starrachsen vorne und hinten an brettharten Blattfedern, ein zuschaltbarer Frontantrieb macht den normalerweise heckgetriebenen Geländewagen zum Allradler (aber nur auf unbefestigtem Untergrund, auf Asphalt fährt er mit Heckantrieb), eine ebenso zuschaltbare Reduktion unterstützt das Getriebe und bringt im Modder mehr Drehmoment auf die Räder, im Idealfall Achssperren. Der Aufbau kann variieren vom offenen Kübelwagen mit umlegbarer Windschutzscheibe bis zum gefällig wirkenden Kombi, denn er ist ja nur aufgeschraubt. So war noch in den 1970ern der Geländewagen definiert – obgleich es bereits ganz andere Kaliber gab wie den Range Rover und einige seiner Genossen, die vorwiegend aus den USA kamen. Sie verbanden Offroadfähigkeiten mit Alltagstauglichkeit, ja sogar mit Komfort. Aber das waren große und teure Fahrzeuge – sie hatten nach wie vor einen separaten Rahmen, der Range Rover als erster Geländewagen Schrauben- statt Blattfedern.

In der Niva-Klasse, also weitgehend bezahlbar, gab es »Komfort-Geländewagen« nicht, zumindest nicht in großer Serie, routiniert gebaut, weithin verfügbar. Ein kleiner, zweitüriger, viersitziger Wagen mit Kombikarosserie und großer Klappe hinten, der aussieht wie ein Pkw-Kombi mit übergroßen Rädern, ein Wagen, mit dem man vernünftig auf der Straße fahren kann und nicht unangenehm auffällt, der aber auch über ausreichende Geländefähigkeiten verfügt, um überall dort durchzukommen, wo der »normale« Mensch seine Ziele hat. Kein hardcore-Geländewagen, kein Expeditionsfahrzeug, kein Pseudo-Jeep, kein Fahrzeug, das unbedingt einen anderen, »zivilen« Wagen als Erstfahrzeug erfordert. Ein Auto, das quasi einen Kompromiss zwischen Straßen- und Geländewagen darstellt und eben deshalb alles andere als ein Kompromiss ist. Denn letztlich gilt nicht nur unter Offroadern der Spruch: Ein Auto ohne vier angetriebene Räder ist nicht zu Ende konstruiert.

In gewisser Weise ist der Lada Niva damals ein konkurrenzloses Auto gewesen, als er auf den Markt kam, und man mag ihn nicht ohne Berechtigung als Erstausgabe dessen sehen, was heute allenthalben die klassischen Limousinen auf der Straße abgelöst hat: das kleine und mittelgroße SUV. Er war damals ein neues Genre auf der Straße und abseits von ihr, und alleine deshalb gebührt dem Lada Niva größter, automobilhistorischer Respekt. Alles, was es damals im Westen und Osten und Norden und Süden in seiner Preiskategorie gab und was ebenfalls zu kraxeln fähig war, waren reine Spaßautomobilchen à la Suzuki Eljot oder Samurai, die dem Lada in Sachen Lustgewinn zwar weit überlegen, aber in Sachen Alltagstauglichkeit nicht mit ihm vergleichbar waren. Als der Lada Niva auf den Markt kam, galt: Der Lada Niva ist der Lada Niva ist der Lada Niva.

Diese Besonderheit oder auch Absonderlichkeit war allen sehr schnell bewusst. Journalisten von Autozeitschriften testeten ihn, obgleich Geländewagen nicht im Portfolio ihres Blattes waren, und eine reine Geländewagenzeitschrift gab es bei seiner Präsentation in Westdeutschland noch gar nicht (die erste war die Off-Road ab 1979), und sie verglichen ihn reflexartig mit einem Pkw und stellten erstaunt fest, dass er härter ist und dass man mit ihm nicht die damals üblichen Fotos machen konnte, die das Herz des Publikums erfreuten: In den 1970ern zeigten alle, allen voran die Auto Motor Sport (AMS), jedes dafür noch so ungeeignete Fahrzeug im Drift. Driften konnte man mit einem Lada Niva nicht, und das betrachtete die Presse schon mal als Nachteil. Praktisch war er, eigentlich genial, aber weil er aus der Sowjetunion kam, empfand dies die Presse auch schon wieder als Defizit. Und natürlich musste ja ständig verglichen werden. Den Matra Simca Rancho nahm man dazu gerne her, Ende der 1970er.

Der sah martialisch aus, hatte aber keinen Allradantrieb und ließ sich deshalb nicht vergleichen. Und mit Spaßautochen ließ er sich auch nicht vergleichen. Unterm Strich hatten die Tester eigentlich nur Lob parat. Zu kritisieren gab es wenig, allenfalls die Geräuschkulisse im Inneren, dass der Niva ein wenig wasserscheu ist und manche Tester wünschten sich einen größeren Tank. Einen Dauertest bei der Zeitschrift Off Road absolvierte der Niva 1986 nahezu störungsfrei. Deren Fazit, ganz im VW-Duktus: »Er läuft und läuft und läuft.«

Völlig von Spaß befreit, schlugen die Jäger und Förster zu. Und die Alpinisten. Und die Architekten, um auf ihre Baustellen zu kommen. Und die Bergbauern, die endlich etwas Vernünftigeres als einen Unimog bekamen. Und überhaupt die Schweizer und Österreicher, alleine ihrer Topographie wegen. Und die Behörden. Und der Tierarzt und der Landarzt. Es war geradezu so, als ob weite Bevölkerungsteile auf den Lada Niva geradezu gewartet hätten. Der Geschäftsführer der Deutschen Lada, Engelbert Wichelhausen, in der AMS vom 20. Dezember 1978 zur Prognose für 1979: Der Lada Niva »wird 1979 eine maßgebliche Rolle bei unseren Verkäufen spielen und absatzfördernd auf unser Programm wirken.« Und ein weiteres Zitat von ihm: »Wir wollen 1979 mehr als 3500 Nivas verkaufen.« Er lag richtig. Der Niva ging weg wie warme Semmeln.

Selbst westdeutsche Behörden, nicht gerade erpicht darauf, mit Steuergeldern die Kommunisten zu unterstützen, griffen zu: Nach der Schneekatastrophe im Winter 1978/79 in Norddeutschland, als Autofahrer tagelang auf der Autobahn eingeschneit waren, sprach sich der

Oberbürgermeister von Bremerhaven, Werner Lenz, dafür aus, einen Lada Niva für die Polizei anzuschaffen. Und dann dauerte es nicht lange, bis Nivas im Westen bei Sanitätseinrichtungen, bei Feuerwehren oder beim Technischen Hilfswerk eingesetzt waren. Der Niva allüberall. Und in hübscher Lackierung und mit allfälligem Offroadzubehör von der Bullbar über schicke Felgen bis zum außen liegenden Reserverad war er sogar ein angesagter Privatwagen – nicht unbedingt ein Erstfahrzeug, aber im Zuge des in den Spät-1970ern aufkommenden Allradbooms spielte auch der Niva eine Rolle. Kurz und gut: Der Lada Niva war ein Fahrzeug, das in der automobilen Landschaft gefehlt hatte, das ein unausgesprochenes Bedürfnis stillte, dem im Westen eine große Willkommenskultur entgegenschallte und dem man großzügig verzieh, dass er ein Kommunistenauto war. Einige Menschen lernten erst durch ihn kennen, dass es überhaupt Autos in der und aus der Sowjetunion gab. Für manche Kreise war der Lada Niva eine Notwendigkeit und in anderen Kreisen galt er als schick.

Sowjetbürger mussten jahrelang auf ihren Lada Niva warten, weil das Werk hauptsächlich den Export bediente. Denn dieser zahlte in Valuta, die Sowjets nur in Rubel. Dabei war der Lada Niva ursprünglich ja für die sowjetische Landbevölkerung entwickelt worden.

Als die ersten Nivas in der Bundesrepublik ankamen, wurden sie ebenso kritisch wie skeptisch beäugt. Wer sich näher damit beschäftigte, war begeistert.

## Initialschrei aus der Politik

Den Initialschrei zum Lada Niva stieß im Sommer 1970 der damalige sowjetische Ministerpräsident Alexej Nikolaewic Kosygin aus. Er forderte,

**1978 begann der Europa-Export, erste Nivas kamen in die Bundesrepublik und wurden vorgestellt, hier in der AMS vom 19. Juli 1978 ...**

# Klettermaxe

Lada Niva 2121: neuer allradgetriebener Geländewagen aus der Sowjetunion.

Das sowjetische Unternehmen Lada, im Westen bislang vornehmlich durch Nachbauten ausgelaufener Fiat-Modelle bekannt geworden, hat jetzt in eigener Regie den Geländewagen Niva 2121 entwickelt, der vom Juli an auch in der Bundesrepublik angeboten wird.

„Das erste eigene Lada-Kind" soll nach den Worten von Engelbert Wichelhausen, Geschäftsführer der Deutschen Lada Import GmbH in Neu Wulmstorf, „ein eigenes Image aufbauen und steht am Anfang eines zukünftigen eigenen Lada-Programms."

Konzipiert wurde der zweitürige Niva (zu deutsch: gereiftes Kornfeld) für die Landwirtschafts-Inspektoren in der Sowjetunion, die ein Auto verlangten, mit dem sie sich in jedes Gelände wagen können.

Daß der allradgetriebene Niva in jedem Gelände zurechtkommt, zeigte sich bei der Vorstellung in den Harburger Bergen: Dem 76 PS (56 kW) bei 5400/min leistenden Lada-Sprößling war kaum ein Hang zu steil.

Bei dem Triebwerk des russischen Geländewagens handelt es sich um jenen Motor, der bereits im Lada 1600 LS eingebaut ist. Der 1,6 Liter Vierzylinder (Bohrung x Hub 79 x 80 mm) erreicht seinen Drehmoment-Bestwert von 118 Newtonmeter (12,0 mkg) bei 3000 Umdrehungen pro Minute.

Aus dem Stand beschleunigt der 1150 kg schwere Niva in rund 23 Sekunden auf 100 km/h, die Höchstgeschwindigkeit wird vom Hersteller mit 132 km/h angegeben.

Dem Niva-Fahrer stehen insgesamt acht Vorwärtsgänge zur Verfügung, denn die Sowjets verwenden neben dem konventionellen Vierganggetriebe ein manuell sperrbares, zweistufiges Zwischengetriebe, das 1,200 in der Straßenstufe und 2,135 in der Geländestufe untersetzt ist. Die Verbindung der beiden Getriebe erfolgt durch eine Zwischengelenkwelle mit elastischer Kupplung und Kreuzgelenk.

Das kompakte Mobil (Außenmaße 3720 x 1680 x 1640 mm) bietet Platz für fünf Personen. Bei Bedarf läßt sich die Rücksitzbank umlegen, so daß ein geräumiges Gepäckabteil entsteht. Sperrige Gegenstände lassen sich bequem durch die große Heckklappe einladen.

Das Fahrwerk wurde völlig neu entwickelt. Der mit einem akzeptablen Kom aufwartende Niva ver vorn über Einzelradaufh gung mit je zwei geschn deten Querlenkern Schraubenfedern und hin über eine Starrachse vier Längslenkern, Schr benfedern und Panhards

Interessant ist der neue da auch vom Preis her. Sowjets bieten „das ha feste Fahrzeug für Beruf Freizeit" (Lada-Prospekt) 15 600 Mark an.

Vielseitig ist der neue Niva 2121-Geländewagen, den das sowjetische Lada-Werk jetzt vorgestellt hat. Das kompakte Auto wird von einem 1,6 Liter-76 PS-Motor angetrieben.

Magazin auto motor sport

Test | Lada Niva

# Fahren im Kornfeld

Russisches Geländeauto mit Allrad-Antrieb.

ie Landwirtschafts-Inspektoren in Rußland verlangten nach einem desgemäßen Auto. Es te bequem sein wie eine usine, aber auch Ab- her auf gepflügte Äcker schlammige Feldwege atten. Sie dachten an Auto in der Art des west- n Range Rovers, „ein es, robustes Allrad-Ge- efahrzeug mit Limousi- Charakter" (Lada Niva- pekt).

er Automobil-Fabrik in iattigrad an der Wolga nten sich die Techniker die Arbeit. Zum ersten konnten sie ein Auto n, das nicht auf den brettern der italienischen Fiat-Konstrukteure in Turin entstand. Während sie bisher modifizierte alte Fiat-Modelle mit der Bezeichnung Lada herstellen mußten, durften sie nun ihre eigenen Ideen verwirklichen. Entsprechend seinem Verwendungszweck tauften sie ihre erste Eigenentwicklung Niva – zu deutsch: reifes Kornfeld.

Das Inspektoren-Auto erhielt ein adrettes, limousinenhaftes Äußeres, das seine osteuropäische Herkunft kaum erkennen läßt. Vielmehr erinnert der Lada Niva an einen aufgeschossenen westlichen Kompaktwagen. So gleicht er mit seinen großen 16 Zoll-Rädern und seiner 3,72 Meter kurzen Schrägheck-Karosserie einem VW Golf auf Stelzen. Bei etwa gleicher Länge überragt er diesen um gut 20 Zentimeter.

Der zivile Eindruck, den das russische Geländeauto beim Betrachter hinterläßt, bleibt auch nach dem Besteigen des Innenraums erhalten. Von der Sitzposition bis zur Ausstaffierung erwartet den Passagier hier das von Personenwagen her gewohnte Bild. Allein die zusätzlichen, aus der Mittelkonsole herausragenden Schalthebel für Zwischengetriebe und Differentialsperre lassen auf besondere Fähigkeiten dieses Geländeautos schließen.

Die Serienausstattung umfaßt all das, woran sich Limousinen-Fahrer inzwischen gewöhnt haben. Kopfstützen und verstellbare Rückenlehnen an den Vordersitzen zählen ebenso dazu wie Automatik-Gurte, Drehzahlmesser, Bremskraftverstärker und eine heizbare Heckscheibe. Das Armaturenbrett wirkt aufgeräumt, und abgesehen von der primitiven Heizungs- und Belüftungsbetätigung liegen alle Bedienungselemente gut zur Hand.

Das Platzangebot im Innenraum ist dagegen in Anbetracht der kompakten Außenabmessungen begrenzt. Hier trifft es vor allem die

wohlsten fühlt sich der Lada Niva abseits asphaltierter Straßen

Test und Technik 20/1978

nein: er wünschte, von der heimischen Industrie einen sowjetischen Geländewagen, der nicht militärisch ist. Diesem gottesähnlichen Befehl folgte das Automobilwerk AvtoVAZ, und heraus kam der Lada Niva – somit das erste, unabhängig von Fiat konstruierte Avto-VAZ-Fahrzeug. Der erste Prototyp war im April 1972 fahrbereit. Die sowjetische (Vor-)premiere fand auf einer Moskauer Ausstellung im August 1975 statt. Erste Vorserienexemplare stammen vom April 1976. Am 5. April 1977 wurde der erste VAZ-2121 alias Lada Niva am Band fertig gestellt. Im Januar 1978 feierte er seine Westpremiere auf dem Brüsseler Autosalon.

Der Gedanke Kosygins war logisch: Der Shiguli ist ein Auto für halbwegs gute, asphaltierte Straßen, somit für die sowjetische Stadtbevölkerung. Er wünschte sich auf dessen Basis einen geländetauglichen Privatwagen auch für die ländlichen Regionen des Sowjetreiches – für die im Frühjahr und Herbst verschlammten und im Winter verschneiten Wege Sibiriens, für die staubigen Pisten Kasachstans und die an Steigungen reichen Schotterbänder des Urals. Chefkonstrukteur des Niva bei AvtoVAZ war zunächst Vladimir Solovyev, nach dessen Tod 1975 Piotr Michailovic Prusov, die Karosseriekonstruktion stammt von Lev Petrovic Muraschov, verantwortlich für das Design zeichnete Valeri Pavlovitc Semuschkin, der sich dabei eindeutig am Fiat 127 orientierte, was er auch nie bestritt.

Der Niva ist eine selbsttragende Konstruktion, permanenter Allradantrieb mit sperrbarem Mitteldifferenzial, vorne Einzelradaufhängung mit Doppelquerlenkern, hinten Starrachse an vier Längslenkern mit Panhardstab, rundum hydraulische Schraubenfedern, vorne und hinten je ein Querstabilisator. Er rollt auf verhältnismäßig schmalen Stahlscheibenfelgen (5J x 16) mit Geländeprofilreifen. Rollenlenkung mit Globoidschnecke und Zweikranzrolle, anfangs ohne Ser-

**... und der Vorstellung folgte in der AMS vom 27. September 1978 der erste Test.**

## Sechs Geländewagen im Vergleich: Vorzüge und Nachteile

### Jeep CJ 7

**Vorzüge**
- Durchzugskräftiger Vierzylinder
- Günstiger Treibstoffverbrauch

**Nachteile**
- Mäßige Fahrsicherheit
- Schlechter Fahrkomfort
- Indirekte und unexakte Lenkung
- Knapp bemessener Innenraum
- Sehr nachlässige Verarbeitung

### Lada Niva

**Vorzüge**
- Befriedigender Fahrkomfort
- Befriedigende Fahrsicherheit
- Bequemer Einstieg
- Reichhaltige Ausstattung
- Niedriger Preis

**Nachteile**
- Zum Fading neigende Bremsen
- Zu lange Gelände-Übersetzung
- Schwergängige Lenkung

### Land Rover V8

**Vorzüge**
- Befriedigender Fahrkomfort
- Durchzugskräftiger, leiser Motor
- Sehr gutes Platzangebot

**Nachteile**
- Schwergängige, unexakte Lenkung
- Schwergängige Pedalerie
- Schlechte Übersichtlichkeit
- Fürs Gelände zu langer Radstand

### Mercedes 240 GD

**Vorzüge**
- Sicheres Fahrverhalten
- Befriedigender Fahrkomfort
- Sehr gute Geländetauglichkeit
- Leichte Bedienung
- Gute Verarbeitung

**Nachteile**
- Mäßige Fahrleistungen
- Schlecht geformte Sitze
- Hoher Preis

### Toyota Land Cruiser

**Vorzüge**
- Durchzugskräftiger Motor
- Gute Fahrleistungen
- Gute Geländetauglichkeit
- Gute Verarbeitung
- Wirksame Bremsen

**Nachteile**
- Schlechter Fahrkomfort
- Indirekte, unexakte Lenkung

### VW Iltis

**Vorzüge**
- Sehr gute Geländetauglichkeit
- Bequeme Sitze
- Befriedigendes Fahrverhalten
- Insgesamt gute Handlichkeit

**Nachteile**
- Mäßiger Fahrkomfort
- Unbequemer Einstieg
- Hoher Preis

Vergleichen auf Teufel komm raus, auch wenn die Probanden kaum vergleichbar sind. Das nennt sich Service seitens der Fachpresse. Jeep, Landy, Toyota, Mercedes G-Modell, VW Iltis und Lada Niva haben nur eine Gemeinsamkeit: Sie sind geländegängig. AMS vom 9. April 1980.

## Zum Hang

**Die Deutsche Lada hatte eine ganz pfiffige Werbung in den frühen Jahren, welche den Niva in seinem jeweiligen Element zeigt und seinen Nutzen stets im Verhältnis zum Preis preist. Winterimpression in AMS vom 27. Februar 1980 …**

vounterstützung. Vorne Scheiben-, hinten Trommelbremsen. Der Niva verfügt geländewagentypisch über eine Getriebereduktion, die manuell eingelegt werden kann, wodurch acht statt vier Vorwärtsgänge zur Verfügung stehen, bei der späteren Fünfgangbox dann logischerweise zehn Vorwärtsgänge.

Das Differenzial des Verteilergetriebes kann manuell gesperrt werden, dann drehen Vorder- und Hinterachse gleich schnell. An den Achsen hat der Niva keine Differenzialsperre. Das bedeutet für ihn das Ende des Vorwärtsdrangs bei diagonal überfahrenen Bodenwellen, wenn ein Vorder- und ein Hinterrad in der Luft hängen. Dann bleiben die beiden anderen Räder einfach stehen. Was ihm also stets fehlte, ist die Möglichkeit, die Achsdifferenziale auf starren Durchtrieb zu schalten, um die Kraft dorthin zu leiten, wo sie gebraucht wird. Das Schaltgetriebe basiert auf demjenigen des Shiguli und ist somit eine Fiat-Konstruktion. Eine Automatik gab es nie.

Er hat eine kombiähnliche Zweitürerkarosserie mit gut Platz für zwei, notfalls auch für vier Leute, die einen für sowjetische Verhältnisse guten Komfort auf Kunstledersitzen (vulgo: Plastikbezug) erlebten. Das Auto hatte niemals irgendwelche militärische Ambitionen. Der Niva fuhr auf normalem Terrain angenehm und unter erschwerten Bedingungen effizient, er war eine Art Donnerschlag in der Geländewagenszene, denn vom Anspruch her vergleichbar war er allenfalls mit dem Range Rover, aber eben in jeder Hinsicht auf kleinerem Maßstab

## Zum Stadtbummel

**… und als Held der Großstadt in AMS vom 9. April 1980 …**

M-CR 3331

WL AW839

... sowie als tougher Offroader in AMS vom 21. Mai 1980, hier nun als Sondermodell Niva 5000, im Verkauf seit September 1979.

und zu einem unschlagbaren Preis. Seine hervorragenden Offroad-Eigenschaften sind vor allem auf den permanenten Allradantrieb zurückzuführen, auch auf die hohe Bodenfreiheit (22 cm), die kompakten Abmessungen, den kleinen Wendekreis und das geringe Gewicht von unter einer Tonne. Der Niva bewährte sich im Ural und in Sibirien, in den kasachischen Wüsten und im Pamir-Gebirge, er hat 60 cm Wattiefe und pflügt sich durch ein Meter tiefen Matsch oder Schnee. Das heißt, außer schwimmen kann er eigentlich alles.

Die Sowjets haben mit dem Lada Niva den Kompakt-SUV erfunden. Ob der Niva hübsch ist, steht nicht zur Debatte. Er ist in jeder Hinsicht ansehnlich. Eigentlich hat er außer der Position seiner Vorderblinker überhaupt nichts Charakteristisches, alles ist – aus der automobilen Sicht der späten 1970er betrachtet – stilistisch austauschbar. So ungewöhnlich seine Konzeption ist, so wenig herausragend ist sein Design.

Innen entspricht ein Lada Niva dem Grad des Komforts, was Sowjets für komfortabel halten. Immerhin Liegesitze vorne und hinten eine umklappbare Lehne (immer als Ganzes umlegbar, nie geteilt). Das Sitz-Bezugsmaterial, überhaupt die Materialien im Innenraum, wirken billig, haben aber auch den Vorteil, abwaschbar zu sein. Kein Reserverad schränkt den Nutzraum ein, es findet seinen Platz unter der Motorhaube. Außergewöhnlich gut bestückt ist das Armaturenbrett, neben Tacho, Kühlwasser- und Kraftstoffanzeige immerhin ein Drehzahlmesser und ein Voltmeter (ab 1996 ersetzt durch Kontrolllampe für Batteriespannung), dann noch eine Kontrolllampe für den Öldruck und die Handbremse. Zündschlüssel und Fahrzeugschlüssel sind nicht identisch, sodass der Wagen, etwa bei extremer Kälte, bei laufendem Motor abgeschlossen werden kann.

Und dann hat der Niva, weil er es muss, auch einen Diebstahlschutz. Die Wegfahrsperre lässt sich nur mit dem am Schlüsselbund hängenden Code-Stift deaktivieren. Dem Wagen liegt serienmäßig ein umfangreicher Werkzeugsatz bei, mit dem das Auto komplett demontiert und danach wieder zusammengeschraubt werden kann. Sofern man es kann. Eine Kurbel, um den Motor zu starten, findet sich ebenfalls im Bordwerkzeug. Mit genügend Proviant und Benzin an Bord kann eigentlich nichts schief gehen.

Seinen Motor teilte sich der Niva zunächst mit dem Lada 1600 VAZ-2106. 1569-cm³-Vierzylinder mit 76 PS dank Solex-Einzelvergaser, gebaut bis 1994. Er entsprach konstruktiv dem aus der Fiat-124-Maschine entwickelten 1200er-Motor des ersten Shiguli, aber eben mit mehr Hubraum. Anfangs gab es auch eine in kleiner Stückzahl gefertigte Version mit dem 1,3-Liter-Motor, der Niva 1300 (VAZ-21211) mit 69 PS, wurde für gewisse Exportmärkte bei Bedarf immer wieder aufgelegt, lieferbar auch in den Benelux-Staaten.

Anderes Land, andere Werbeagentur, anderer Stil: schweizerische Niva-Werbung im Jahreskatalog der Automobil-Revue, unverändert vier Mal wiederholt in den Ausgaben 1980 bis 1983.

Klischees wurden bemüht, doch auch der Klassenfeind konnte nicht umhin, zuzugestehen, das Produkt der Sowjetunion sei »erstaunlich westlich«. AMS vom 9. April 1980.

Fremdwerbung des ungarischen Autoelektrikherstellers Bakony aus dem 1977er Katalog der schweizerischen Automobil-Revue: Stolz darauf, dass die eigenen Erzeugnisse im Lada eingebaut werden.

Als die ersten Nivas in der Bundesrepublik ankamen, wurden sie ebenso kritisch wie skeptisch beäugt. Wer sich näher damit beschäftigte, war begeistert. Aufnahme eines Neuwagens im September 1978.

Ein »Go-anywhere« in der Form eines harmlosen, kleinen Kombis. Diese Kombination gefiel vielen. Man hatte einen veritablen Geländewagen, dem man nicht ansah, dass er ein solcher war.

Schnell wurden Behörden auf den Lada Niva aufmerksam, besonders Feuerwehren zeigten sich interessiert.

Niva-Flotte des Deutschen Roten Kreuzes auf dem Weg ins Erdbebengebiet in Armenien im Juni 1990.

## Von Jahrzehnt zu Jahrzehnt: Überschaubare Modifikationen

Für AvtoVAZ war der Niva ein Verkaufsschlager, Togliattigrad kam mit der Produktion kaum nach, zumal auch der Shiguli im In- und Ausland gefragt war. Es gab zunächst keinen Grund für wesentliche Veränderungen. Zu seinem zehnten Geburtstag 1986 bekam der Niva ein Fünfganggetriebe, ab 1991 Servolenkung optional und 1995 einen modifizierten Motor, 1690 cm³, 84 PS stark, Monopoint-Einspritzung von General Motors statt Vergaser, dazu elektronische statt mechanischer Zündung (in Produktion April 1994 bis 2000, Bezeichnung VAZ-21214), seit April 1999 Multipoint-Einspritzung (also Mehrpunktsaugrohreinspritzung) von Bosch mit 82 PS und Katalysator. Die 1995er-Überarbeitung schlug sich auch äußerlich nieder: Die Heckklappe reichte nun bis zur Stoßstange, es gab kein Abschlussblech mit waagerechten Rücklichtern mehr, die Leuchten standen jetzt aufrecht. Nun konnte die Heckklappe von innen geöffnet werden, zuvor war dafür der Wagenschlüssel notwendig. Keine schwenkbaren Dreiecksfenster in den Türen mehr. Wie üblich bei Ostblock-Autos, gab es natürlich ein Übergangsmodell, den VAZ-21219 mit neuer Technik, aber alter Karosserie (kein Europaimport).

Auf manchen Märkten hatte es den Niva schon zuvor mit Autogas-Antrieb gegeben, Mitte der 1990er war das out. Dafür gab es auf speziellen Märkten eine Wirbelkammer-Diesel-Version (VAZ-21215), der Motor von PSA Peugeot-Citroën (1905 cm³, 64 oder 75 PS), ersetzt 2001 durch einen PSA-Turbodiesel mit 92 PS, der Niva Diesel wurde zwischen 1999 und 2007 gebaut. Vor allem in der Heimat fand er kaum Anklang, weil ein Diesel bei Kälte schlichtweg weniger geeignet ist als ein Benzinmotor.

Auch innen gab es kaum Anlass für Veränderungen. Im Frühjahr 1995 erhielt der Niva VAZ-21213 ein neues Armaturenbrett, Lenkrad mit Pralltopf und die Sitze des Lada Samara, nun nicht mehr mit Liegesitzfunktion. 2009 erneut verändertes Armaturenbrett, 2010 neue Türverkleidungen.

**Vorserienfahrzeuge im Test auf dem AvtoVAZ-Erprobungsfeld, 14.000 m² groß mit einem Schnellring, Zickzack-Kurs, Sand, Schlamm, Geröll, Steigungen und viel, viel Schnee. Aufnahme 1976.**

Einer der ersten russischen Niva-Prospekte, als der Export in Ostblock-Länder eben anlief.

Erst 2009/2010 erfolgte eine Überarbeitung des Fahrwerks, modifizierte Stoßdämpfer, dazu größere und von innen verstellbare Rückspiegel, Servolenkung serienmäßig, neues Kombiinstrument, Klimaanlage, neue Vordersitze, vergrößerte Blinker/Standlicht-Einheit vorne. ABS seit 2013. Mit jeder Überarbeitung verlor der Niva mehr Chrom, zuletzt hatte er gar keinen mehr. Die Hintergrundfarbe des Lada-Emblems im Kühlergrill war zuerst rot, dann weiß und ist zuletzt auf schwarz geändert worden. Als der Heckscheibenwischer Einzug hielt, musste der Heckschriftzug von der Mitte nach rechts verschoben werden.

Nach der Namensumbenennung im Januar 2006 von Lada Niva in Lada 4x4 erfolgte 2014 ein Namenszusatz, nunmehr Lada 4x4 Urban. Und da konnte man getrost von Facelift sprechen, der Niva näherte sich

Die Niva-Bänder wurden sofort nach Produktionsanlauf auf Vollgas gestellt. Nivas waren begehrt wie frischer Wodka und dampfende Soljanka. Alle 22 Sekunden rollte einer vom Band.

optisch den modernen SUVs an: neuer Grill, Kunststoffstoßstangen, neue Rückspiegel, zentrales Bremslicht, modische Alufelgen in unterschiedlichen Designs, elektrische Fensterheber, beheizbare Vordersitze und erneut Modifikationen im Interieur. Trotz neuem Urban-Lenkrad, das nach Airbag aussieht, verfügt der 4x4 Urban über keinen Airbag. Dafür gibt es nun sogar Metalliclackierungen gegen Aufpreis. Und der alte Lada 4x4, also die Vor-Facelift-Version, wird parallel weitergebaut.

Der teuerste Niva ist der seit 2017 lieferbare Lada 4x4 Bronto, ein echter Offroader mit den Attributen des Urban, also der Facelift-Version, zusätzliche Dach- und Nebelscheinwerfer, Seilwinde, Dachreling, größere Räder, schwarze Alus mit Geländereifen, höhere Bodenfreiheit.

Das Modelljahr 2020, nicht mehr in Europa lieferbar, glänzt durch erneute Modifikationen: neues Cockpit mit weiß hinterlegten Armaturen, neue Mittelkonsole, bessere Geräuschdämmung. Und die Idee, den guten, alten Niva mit Airbags auszurüsten, ist scheinbar immer noch nicht vom Tisch. Dafür darf er wieder Niva heißen (genau: Niva Legend), denn General Motors hat sich in Russland mit seinem Chevrolet Niva zurückgezogen und überlässt den Namen nun wieder AvtoVAZ. Egal, unter welchem Namen er verkauft wurde: Er ist immer der Lada Niva. Sieht aus wie ein Niva, fährt wie ein Niva, klingt wie ein Niva und riecht wie ein Niva.

Von Anfang an gab es das Bedürfnis nach einem Viertürer (kurioserweise identisch wie beim Range Rover). Zunächst baute AvtoVAZ einen um 80 cm verlängerten Dreitürer (VAZ-2129). Der erste viertürige Niva-Prototyp mit um 30 cm verlängertem Radstand entstand im Dezember 1994, der Typ VAZ-2131. Er sorgte für einen Höhenrekord: Im Herbst 1999 nahm ihn eine russische Expeditionsgruppe in Tibet mit nach oben und fuhr in einem Viertürer-Niva auf 5726 Meter Höhe. Nie zuvor war ein Automobil auf größerer Höhe unterwegs. Der lange Niva namens VAZ-21218 Fora bietet zwar innen mehr Platz, aber er hat sein Charakteristikum, die unschlagbare Agilität und Wendigkeit im Gelände, verloren. Er ist eine sinnvolle Programmergänzung, verfälscht und verflacht allerdings das Niva-Prinzip und ist deswegen in seiner Heimat weit weniger gefragt als der Kurze. Im offiziellen Deutschland-Programm war er nur 2018/19.

Daneben gab es auf dem russischen Markt mehrere Dutzend Karosserieversionen. Diverse Radstandsverlängerungen, zwei- oder viertürig, Landaulet, Spezialversionen für spezielle Anforderungen unter Tage und über Tage, für Behörden, mit mehr Stauraum, gepanzert, Kübelwagen, eine Art Beach Buggy, Extremgeländewagen mit übergroßen Ballonreifen, Pickups, Lieferwagen mit Verblechungen anstelle der hinteren Seitenscheiben, spezielle Ambulanzen, verlängerte Hecküberhänge bei Serien- oder verlängertem Radstand – der Phantasie und den Anforderungen waren und sind keine Grenzen gesetzt. Alleine in Kroatien trug der Lada Niva Uniform.

Der Westexport startete 1978. Im Bild eines der ersten Fahrzeuge, die nach Westdeutschland gelangten, September 1978.

Niva-Produktionsstätten neben Togliattigrad sind Asia-Motors in Ust-Kamenogorsk in Kasachstan (seit März 2003), in Süd-Amerika Chile und Ecuador (AYMESA seit November 2000), Russia Automotriz S.A. in Montevideo/Uruguay seit April 2003 (Bezeichnung: Bognor Diva). Zudem wurden Nivas in den 1980ern und frühen 1990ern bei Automeccanica in Griechenland montiert. Dann gab es noch Nadesda, den VAZ-2120. Das war ein Minivan, drei- oder fünftürig, Prototyp 1996, Serie 1998 bis 2005. Er entstand auf Niva-Plattform und teilte seine Technik. Je nach Quelle wurden zwischen 7000 und 8500 Exemplare gebaut, also ein seltenes Fahrzeug.

Der Niva und seine (Un-)sicherheit: Er ist ein stabil konstruiertes Stück Russenblech, hat aber keinerlei »denkende« Sicherheit. Seine Robustheit alleine ist der Unfallschutz der Insassen. Bei Sicherheitstests bekäme der Lada Niva null Sterne – egal, wie viele Sterne zu vergeben wären. Um modernen Sicherheitsstandards, auch und vor allem des Fußgängerschutzes, gerecht zu werden, hätte der Niva eine neue Ka-

Das einzig Charakteristische an der Karosserie ist die Position der Vorderblinker/Standlichter. Ansonsten versteckt sich der Niva optisch hinter der eigenen Durchschnittlichkeit.

**Gut bestücktes Armaturenbrett, aber keine optische Offenbarung, keine herausragende Designleistung, kein italienischer Charme und keine erwähnenswerte Haptik.**

rosserie gebraucht. Wie für den Land Rover Defender Anfang 2016, war auch für den Lada Niva der mangelnde Fußgängerschutz das offizielle Aus in der Europäischen Union. Und natürlich die Abgasvorschriften. Die Schonfrist bis 2019 hatte er nur seiner kleinen Serie wegen. Nachdem AvtoVAZ die Lieferverträge aller europäischer Importeure Ende 2019 kündigte und diese nur noch Restbestände abverkaufen konnten, wird der Lada Niva weiterhin in Russland und den ehemaligen Sowjetrepubliken verkauft, in Zentralasien, Nahost, Nordafrika sowie Bolivien und Chile.

2024 soll der moderne Nachfolger kommen. Im Januar 2021 stellte AvtoVAZ die Studie Niva 4x4 Vision vor, eine Art Retro-Niva mit deutlichen Anklängen an das Original, aller Voraussicht nach werden sich der Niva und ein offroadiger Dacia die Plattform teilen. Und wahrscheinlich beginnt mit diesem Neo-Niva dann auch wieder der offizielle Export nach Deutschland.

Als AvtoVAZ im April 2017 den 40sten Niva-Geburtstag feierte, wurde bekannt gegeben, dass rund 2,5 Millionen Nivas seither produziert wurden, wovon mehr als 530.000 in den Export gingen. Seitherige Europa-Verkaufszahlen: 2017 waren es 1997 Nivas, 2341 im Jahr 2018, 2019 sogar 2961 und 2020 nur noch 1362. In Russland ist die Marke Lada nach wie vor Marktführer, und das seit 50 Jahren.

**Bauchschau: Eine Kardanwelle führt nach hinten, die andere nach vorne. Schön zu sehen sind die beiden Panhardstäbe, welche die Hinterachse unterstützen.**

**Das liebt der Offroader: drei knackige Hebel, einer fürs Getriebe, der andere für die Reduktion, der dritte für das manuell sperrbare Zwischendifferenzial.**

**Sondermodelle trugen Sonderfelgen, heute geht nichts mehr ohne Alus. Aber der Niva ist durch genau diese schlichten und sogar ganz hübschen Stahlscheibenfelgen definiert.**

Des Niva Armaturenbrett braucht sich nicht über zu wenige Instrumente zu beklagen. Aber es geht hier nicht um Optik. Es geht um Informationen.

Wer zwei linke Hände hat, also im sozialistischen Duktus ein »Intelligenzler« ist, kann nicht schrauben und ist im Falle einer Panne im Kaukasus verloren. Aber jeder anständige Arbeiter und Bauer weiß sich bei der Niva-Technik zu helfen.

Es geht auch nicht um Haptik. Es geht darum, dass eine Türe eine Innenverkleidung benötigt. Und sie hat eine Innenverkleidung.

Die erste Batterie eines Niva-Neuwagens war natürlich sowjetisch – auch wenn er in Westdeutschland ausgeliefert wurde. Die zweite war es nicht mehr. Der zweite Satz Reifen auch nicht.

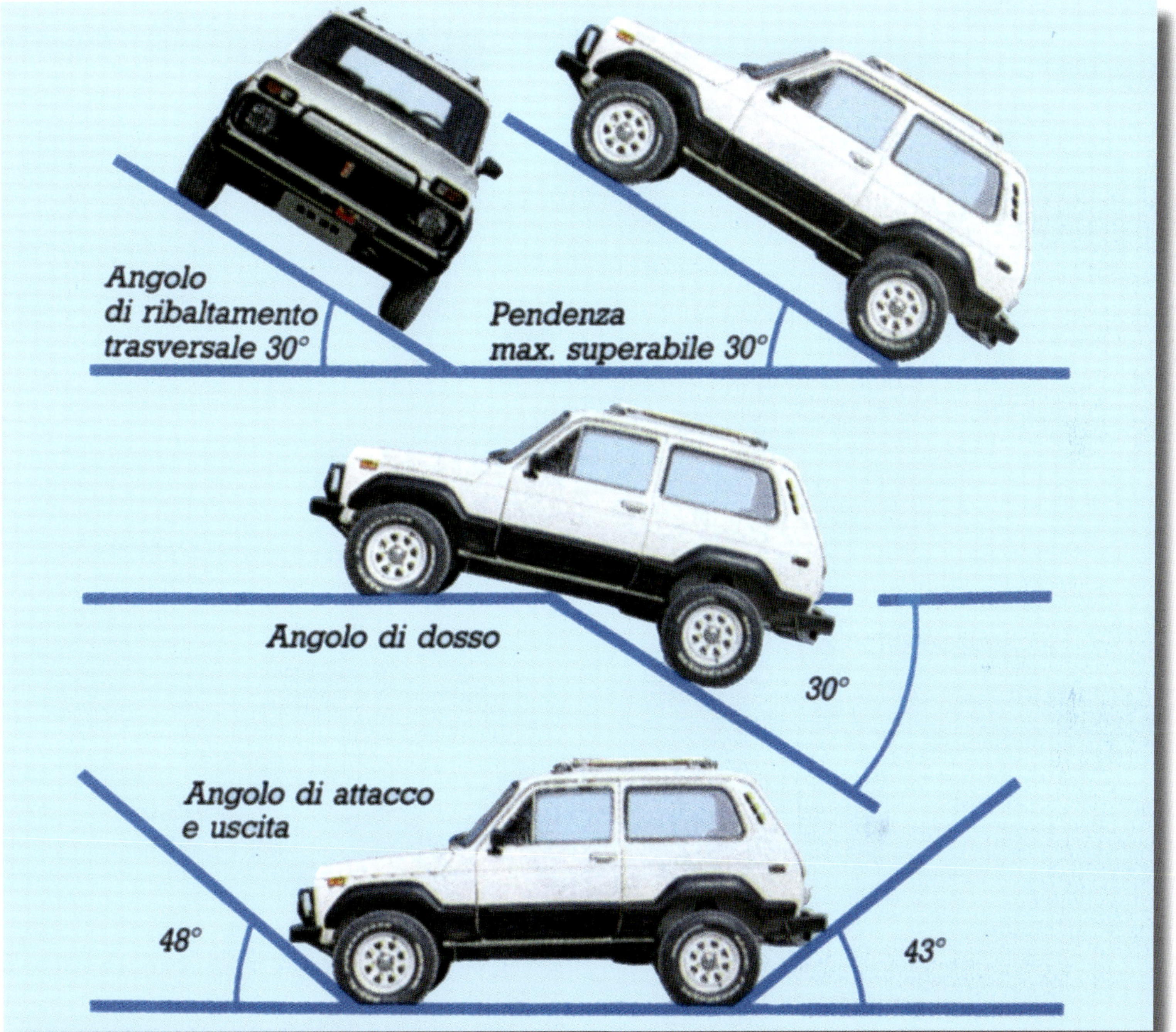


Da sieht er von außen so bescheiden aus. Aber diese Daten begeistern jeden Offroader. Und obgleich das Schaubild in italienischer Sprache gehalten ist, versteht es jeder.

Was die Theorie vorgibt, hält der Lada Niva in der Praxis. Dennoch sieht man diesem frühen Werksfoto an, dass es schwer bearbeitet ist. Der Wagen wurde nicht in dem Wald fotografiert, in den ihn ein Künstler hineinretuschierte.

So klein und doch so zäh.

Kernspintomographie: Röntgenblick ins Innere: einfach, aber modern konstruiert. Ein PKW mit Allradantrieb und starrer Hinterachse eben.→

Trotz aller Sondermodelle und Überarbeitungen: Der Ur-Niva ist der Niva schlechthin, in Ost und West. Ausstellungsstück auf der Leipziger Herbstmesse 1984.

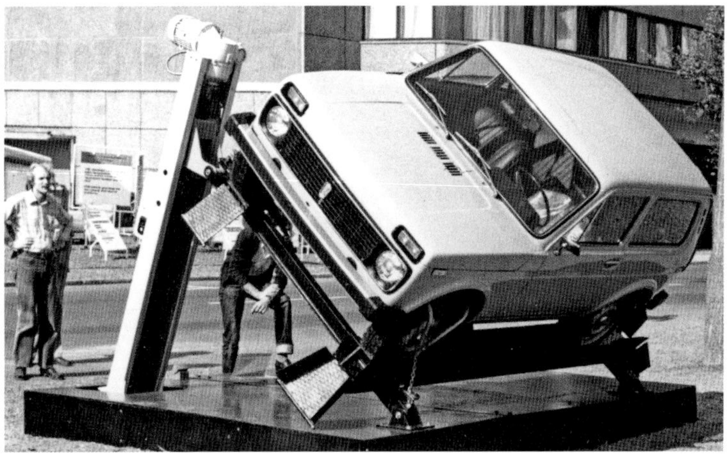

Wer die Allradtechnik nicht sieht, vermutet sie nicht unter dieser zivilen Außenhaut. Beste Demonstration: man zeigt seinen Bauch, wie hier auf der Leipziger Frühjahrsmesse 1982.

Scharfes Dekor, scharfe Räder (Melber-16-Zoll-Felgen), scharfes Vinyldach: Lada Niva 5000 C vom Herbst 1979, sogar mit serienmäßigem Stereo-Cassetten-Radio. Ein richtig schöner Ivan!

Er nagelt und rußt, und trotz reinweißer Lackierung und Weißwandreifen auf weiß lackierten Geländewagen-Sportfelgen haftete einem Diesel damals noch ein wenig Schmuddelimage an. Der Niva Diesel war kein Verkaufshit.

Nichts war dem Niva je ferner als das sonnige Kalifornien. So schmeichelhaft die Bezeichnung »California« für so manches westdeutsche Sondermodell gewesen sein mag, so realitätsfern war sie. Im Bild California 2. ← ↑

Eine Autogasanlage spielte in Deutschland nie eine große Rolle, aber in Frankreich beispielsweise war sie durchaus eine Alternative.

Ihn gab es auf so manchem westlichen Importmarkt, sowohl in Westdeutschland als auch in den Benelux-Staaten: Niva Kosak mit martialischen Kunststoffanbauteilen und sogar Dachspoiler am Wagenheck.

Bunt und offroadig: Niva-Sondermodell Hunter von 2007 mit mächtiger Bullbar aus poliertem Nirosta-Stahl und Delta-S1-Felgen. Ein Proletarier im Sonntagsanzug.

Da fiel dem Importeur kein zugkräftiger Name mehr ein und
er nannte das Sondermodell vom Herbst 1988 einfach »Niva Spezial«.

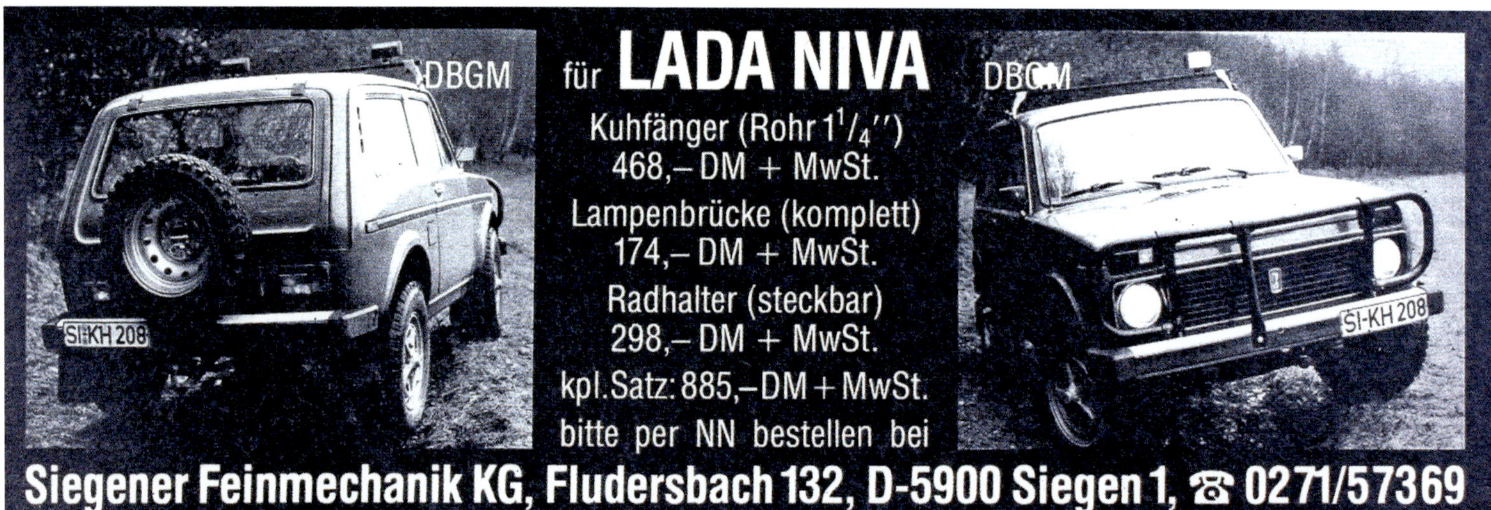


Die Niva-Klientel konnte unter vielfachem Aftermarket-Zubehör wählen, beispielhaft die Annonce der Siegener Feinmechanik in der AMS 27. Februar 1980.

»Lada Taiga« hieß jeder VAZ-2121 in Österreich, und in Westdeutschland hieß ein Sondermodell Lada Niva Taiga.

Artgerechte Haltung: Niva Doppelkabiner mit Pritsche, ab Werk lieferbar. Es gibt für diese Version diverse Aufbauten, vom Kühlkasten über den Feuerwehraufbau bis hin zum Wassersprengwagen mit Tank.

Ab Werk zu haben, aber nur in Russland und den GUS-Staaten: Lifestyle-Pickup auf Basis des Langchassis, also des Fora.

Lada Niva VAZ-3131 CTI, ein im AvtoVAZ-Werk offiziell seit 1994 gebautes Fahrzeug auf Basis des verlängerten Niva.

PSA Bronto ist seit 1993 der Ableger für Spezialfahrzeuge von AvtoVAZ und stellte den Niva auf massive Ballonreifen. Damit kommt auch der Ambulanz-Niva überall durch.

Der Marsh-1 von PSA Bronto, vorgestellt auf dem Moskauer Autosalon 1995.

Die Alternative für den diskreten Moskauer Oligarchen, wenn ihm eine gepanzerte Mercedes G-Klasse zu auffällig ist: Bronto-213102, ein Viertürer-Niva, schusssicher.

»Nadeshda« heißt auf Russisch »Hoffnung« und ist ein Mädchenname. Dies ist der VAZ-2120 Nadeshda, ein Minivan auf Niva-Plattform und mit seiner Allradtechnik. Ursprungsversion von 1998.

Niva Vision, der Ausblick auf einen neuen Lada Niva, der ab 2024 gebaut werden könnte. Die Studie wurde im Januar 2021 präsentiert, sein Schöpfer ist noch der bisherige Lada-Designchef Steve Mattin. Zeitgleich mit Mattins Schöpfung, dem Niva Vision, präsentierte Renault-Nissan ...

... auch den neuen Lada-Chefdesigner Jean-Philippe Salar, dessen Aufgabe es sein wird, aus der Vision ein Serienprodukt zu zeichnen.

## Der Niva mit Vornamen Chevrolet

Er hätte der Niva-Nachfolger werden sollen, aber er schaffte es nicht: Der VAZ-2123 alias Chevrolet Niva, 1998 präsentiert. Zunächst baute AvtoVAZ den potenziellen Niva-Nachfolger in Kleinstserie von Hand, aber die Zeiten waren nach dem Systemzusammenbruch schlecht, AvtoVAZ hing am Tropf der Regierung, und dann kam noch die Russland-Krise 1998/99 dazu. Deshalb ging AvtoVAZ ein Joint-Venture mit General Motors ein, die Serienfertigung in einem neu gebauten Werk in Togliattigrad lief im September 2002 unter dem Namen Chevrolet Niva an. Weil sich Chevrolet das Recht auf den Namen »Niva« sicherte und für

**Die erste Version des VAZ-2123 auf einer Moskauer Automobilausstellung 1998 und schon der goldige Metallicton demonstriert, dass der Wagen höher als der seitherige Lada Niva positioniert war.**

sich allein beanspruchte, verlor der Lada Niva zum 1. Januar 2006 seinen Namen »Niva«. Der VAZ-2123 bekam 2009 ein Facelift, Bertone führte es aus. 2019 zog sich GM aus dem Joint-Venture zurück, AvtoVAZ baut das Fahrzeug seither in Eigenregie und hat wieder die Rechte am Namen »Niva«, diese Neuigkeit ging mit einem weiteren Facelift für das Modelljahr 2020 einher, und seither heißt der VAZ-2123 offiziell Lada Niva Travel, und eine geländetauglichere Version heißt Lada Niva Trophy. Verkauft wird der VAZ-2123 nur in den GUS-Staaten, kein Westeuropa-Export. Der VAZ-2123 teilt mit dem »echten« Niva nahezu alles außer der aktuelleren Karosserie.

**Seit Juli 2020 läuft der VAZ-2123 als Lada Niva Travel vom Band und tauschte sein Chevrolet-Emblem im Grill gegen das Lada-Logo aus. In Zeiten der Corona-Pandemie trägt man im Sommer 2020 in Togliattigrad Maske, wie überall.**

# Ein Russe erobert die Welt

## Von Satra zur Deutschen Lada: Deutschland-Import 1974 bis 2020

Der sowjetische Außenhandel, stets bestrebt, heimische Produkte gegen konvertierbare Währung, also Valuta, zu verkaufen, beteiligte sich in den USA an der 1952 gegründeten Satra Corporation zur Einfuhr sowjetischer Waren. Dazu gehören auch Autos, obgleich das mit den Russen-Autos in den USA nie so richtig funktionierte. Die Satra Corporation hatte internationale Ableger im kapitalistischen Westen, auch in der Bundesrepublik. Importeur für den Lada (und zeitweise andere sowjetische Fahrzeuge) war die Handelsgesellschaft Satra GmbH in der Lessingstraße 60–62 in Neu-Wulmstorf bei Hamburg, umfirmiert 1978 in Deutsche Lada Import GmbH. An der Gesellschaftsbeteiligung änderte sich deshalb nichts; die Firma blieb ein Zweigunternehmen der amerikanischen Satra Co. und somit eine GmbH in mehrheitlich sowjetischem Besitz.

Die Satra war immer ein wenig obskur, vor allem in den USA, vor allem in der Zeit des Kalten Krieges. Gründer ist der armenischstämmige Amerikaner Ara Oztemel (1926–1998), und Satra verfügte stets über viel Geld und investierte dies in sehr unterschiedlichen Bereichen. So kaufte Satra 1977 die Fernseh-Übertragungsrechte der Olympischen Spiele 1980 für die USA und stach damit die drei damals größten TV-Sender in den USA aus. Oztemel begann als Importeur sowjetischer Rohstoffe in die USA, hauptsächlich Chromerz, auch Mangan und Nickel. Damit verdiente er viel Geld und begann umgekehrt, US-Produkte in die UdSSR zu exportieren, hauptsächlich Stahlblech für die dortige Fahrzeugindustrie. »Satra« heißt das Unternehmen seit 1965, ein Akronym für »Soviet-American Trading«, und Satra konzentrierte sich auch auf den Import sowjetischer Autos in die Bundesrepublik (seit 1974) und nach Großbritannien (seit 1972). Satra übernahm amerikanische Firmen, ganz oder teilweise, beteiligte sich hier und da, Oztemel blieb stets der Geschäftsführer, fungierte auch als Eigentümer, aber hinter Satra steckten viele russische Rubel.

**Die Lada-Importzentrale von Satra in Neu-Wulmstorf, in der Nähe des Hamburger Hafens, wo die auf dem Seeweg angekommenen Ladas entladen wurden. Aufnahme 1975.**

Interne Broschüre für Lada-Händler aus der Frühzeit des Lada-Imports in die Bundesrepublik und West-Berlin. Sie informiert, gibt aber auch Antworten auf mögliche, skeptische Fragen von potenziellen Kunden und Journalisten.

Das Verhältnis der westdeutschen Satra zur Sowjetunion war stets gut. Man war Handelspartner, die UdSSR hatte größtes Interesse an möglichst vielen Lada-Verkäufen in der Bundesrepublik und West-Berlin. Das brachte Devisen, das brachte Valuta. So war sich selbst der sowjetische Botschafter in Bonn, Juli Kvizinski, nicht zu fein, bei der BRD-Präsentation des Lada Niva zugegen zu sein. Er sagte, der Geländewagen sei »ein Kollege von mir. Er ist auch – auf seine Weise – Botschafter meines Landes«.

Satra in Hamburg machte nie einen Hehl daraus, kapitalistisch geführt, aber von Moskauer Managern abhängig zu sein. Zunächst waren Amerikaner an der Spitze der deutschen Satra-Niederlassung. Mit der Umfirmierung in Deutsche Lada GmbH wurde Roland Moesgen, ein ehemaliger Daimler-Benz-Manager, deutscher Statthalter. Das Unternehmen wurde 1982 von der Moskauer Avto-Export übernommen, Moesgen wurde gefeuert, weil er nicht genügend Ladas verkaufen konnte, und von einem deutsch-sowjetischen Duo abgelöst, Nikolai Tcoumakov und Carl Dommermuth (zuvor in der Geschäftsleitung von Opel-Dello in Hamburg), Engelbert Wichelhausen war Geschäftsführer. 1993, als nach dem Systemzusammenbruch der UdSSR und einem kurzfristigen Zwischenhoch der Lada-Verkäufe dieselben zusammenbrachen, schaffte es Dommermuth, den Deutschland-Import von Kia ins Haus zu holen: Die deutsche Kia war eine 100-prozentige Tochter der Deutschen Lada, und bald wurden mehr Kia als Lada verkauft. Das gefiel dem russischen Unternehmen überhaupt nicht. Denn die Deutsche Lada schuldete AvtoVAZ damals 130 Millionen D-Mark für gelieferte Autos, und statt diese zu zahlen, investierte Dommermuth in den Aufbau eines Vertriebsnetzes für eine Konkurrenzmarke 40 Millionen D-Mark.

**Sehr frühes Satra-Pressefoto des VAZ-2101, also des Lada 1200, von 1974, noch mit Stoßstangenhörnern.**

**Sammelwerte: Wer heute das Glück hat, den 1200er Lada sowohl als Limousine als auch als Kombi zu besitzen, gibt sie so leicht nicht wieder her.**

AvtoVAZ steckte in der Klemme: Selbst geschwächt und am Tropf der russischen Regierung hängend, hätte AvtoVAZ die Deutsche Lada in den Konkurs treiben können. Doch dann hätte AvtoVAZ auf einen Schlag seinen Deutschland-Vertrieb verloren, und die Konkursmasse hätte wohl nur einen geringen Teil der Schulden ausgeglichen. Zwei Jahre schleppte sich die Auseinandersetzung hin, dann ging der Kia-Deutschland-Import an die Kia Motors Europe. Die Deutsche Lada dümpelte vor sich hin, 1999 wurde das Insolvenzverfahren eröffnet.

Der Geschäftsführer der neuen Importgesellschaft ist seither Dieter Trzaska, seit 1975 Lada-Händler, seit 1999 Importeur für Deutschland und Österreich, ansässig in Buxtehude bei Hamburg, zunächst abhängig vom europäischen Zentralimporteur in Zypern. Mittlerweile hat die Renault-Nissan-Allianz bei AvtoVAZ das Sagen, frisches Kapital, neue Modelle, neuer Chefdesigner (Steve Mattin bis 2020, ein ehemaliger

Der VAZ-2105 hieß in der Bundesrepublik »Nova« und in Großbritannien »Riva«. Speziell für Westdeutschland kreierte Satra den Nova Junior, eine besonders preiswerte Version mit dem kleinen 1,2-Liter-Motor.

Das andere Ende der Fahnenstange: Lada Nova Junior Spezial, voll aufgebrezelt im Stile der späten 1980er mit Rundum-Bodykit und wohl bespoilert, sogar mit Alufelgen. Damit war der Lada richtig schick und konnte sich auch im Westen zeigen.

Und im Folgejahr 1991 hatte Lada natürlich erneut einen Stand auf der IOR. Damals fanden Münchner Messen noch auf der Theresienhöhe, quasi mitten in der Stadt, statt.

**Es gab in Westdeutschland Versuche, eine Offroad-Messe zu etablieren, die Zeitschrift Off Road war maßgeblich daran beteiligt. 1990 fand auf dem Münchner Messegelände die IOR (= Internationale Offroad-Messe) statt, natürlich mit Lada-Beteiligung durch die Deutsche Lada.**

Daimler-Mann), und mit Bo Andersson sitzt erstmals ein Nicht-Russe an der Spitze von AvtoVAZ. Die Lada Automobile GmbH Deutschland schrieb unter Trzaska schwarze Zahlen. Mehr als 90 Prozent aller Lada-Verkäufe in Deutschland entfielen auf den Niva, und verkauft werden die Lada entweder über kleine Händler, die eine freie Werkstatt betreiben und nebenher Lada im Programm haben, oder über eher große Händler, die mehrere Marken im Portfolio haben. Gab es zu Hochzeiten in den 1980er Jahren in der Bundesrepublik und West-Berlin rund 550 Händler, so bestand das Lada-Netz 2013 noch aus 160 Händlern und 170 Servicepartnern. Im Norden haben viele Opel-Händler auch Lada, weil der weit verbreitete Opel-Händler Dello im Rahmen der Mehrmarkenstrategie auch Lada führt.

Trzaska ist für kurze Wege und für wenig Bürokratie. Er weiß, seine Partner müssen eher die Regeln der Hauptmarke erfüllen, Lada ist nur Zweit- oder Drittmarke. Dafür ist der Draht zum Importeur kurz, unkompliziert und heiß, und er erwartet vom Händler allenfalls ein Lada-Schild und entsprechendes Brief- und Rechnungspapier. Kein Lada-Partner muss Marketingstrategien, Werbekampagnen oder Flatrates erdulden, der Importeur mischt sich nicht in die Arbeit des Händlers ein. Er soll nur Ladas verkaufen, solide Arbeit mit soliden Nivas. Das funktioniert ganz gut, die meisten Lada-Händler bleiben ihrer Marke über viele Jahre treu.

Nach wie vor ist der Lada Niva ein beliebtes Auto bei Jägern. Dafür gibt es eine in Buxtehude eingebaute Jäger-Sonderausstattung mit Standheizung, Gepäckträger, Wildwanne für den Laderaum und Gewehrhalter. Ebenfalls beliebt ist die »Hausmeister-Version«, also das Schneeräumsystem »Schneeteufel« mit Schneepflug und Streusystem, Tagfahrlicht, Steinschlagschutz, M&S-Bereifung und seitlichen Schutzleisten.

Ende 2019 stoppte Lada den Export in europäische Länder, weil die Motoren den EU-Abgasvorschriften nicht mehr entsprechen und speziell der Niva Probleme mit dem vorgeschriebenen Fußgängerschutz hat.

Das sollte aber nicht das radikale Ende sein. Der Lada Niva gilt wegen seiner eingeschränkten Produktion als Kleinserienfahrzeug und genießt somit eine spezielle Behandlung seitens der Behörden. Somit könnte der deutsche Importeur Nivas in Eigeninitiative einführen und umrüsten – was aber bis dato – Stand Januar 2021 – an der Ablehnung durch die französische Renault-Nissan-Chefetage scheitert. Allerdings will AvtoVAZ, also Renault-Nissan, die Türe nach Westeuropa nicht endgültig zuwerfen. Wer weiß, ob es für Lada eine offizielle Zukunft in Europa gibt? Oder ob sich Renault-Nissan schlichtweg auf die rumänische Marke Dacia, ebenfalls im eigenen Portfolio, beschränkt? Dieter Trzaska vermutet laut Zeitungsberichten, dass Renault-Nissan seine profitable Billigmarke Dacia schützen will.

In Russland lebt Lada weiter und lebt gut. Lada ist dort Marktführer, vor allem der aktuelle Vesta verkauft sich zur Zufriedenheit seiner Väter. Der Niva wurde eben erst mit einem modernen Interieur und mehr Komfort aufgefrischt, und AvtoVAZ hat das ehemalige Joint-Venture mit General Motors zum Bau des Chevrolet Niva komplett übernommen.

Aber die Lada Automobile GmbH Deutschland bekommt momentan keinen Nachschub mehr. Die Halden sind seit Frühjahr 2020 leer, momentan ist kein Niva-Neuwagen mehr erhältlich. Dieter Trzaska hofft nach wie vor, denkt in überschaubaren Zeiträumen bis 2024, bis wieder Lada-Neuwagen in Deutschland sein könnten. Bis dahin will er die Zeit mit chinesischen Importwagen überbrücken.

## Eine Anekdote aus Anfangszeiten

Im November 1980 testete die Zeitschrift Off Road einen Niva 5000 C, bereitgestellt vom deutschen Importeur. Auf den vier Rädern vier Gürtelreifen. Das Reserverad mit einem russischen Diagonalreifen bestückt, für dessen Montage man sogar andere Radmuttern benötigte als für die Normalbereifung. Off Road fuhr aus journalistischer Neugier damit zum TÜV. Ergebnis: Das ist nicht zulässig. Wer nach einer Reifenpanne das Reserverad montierte, hatte nicht nur wegen der Mischbereifung ein absonderliches Fahrgefühl, sondern machte sich obendrein noch strafbar.

## Die Preisentwicklung in der Bundesrepublik Deutschland

Der Lada Niva ist kein »normales« Auto, dessen Preisentwicklung kontinuierlich ist und dessen Ausstattung im Laufe seiner langen Bauzeit miteinander vergleichbar ist. In der Anfangszeit gab es nur einen Niva, aber später diversifizierte sich das Programm. Zeitweise bestand das Angebot des (west-)deutschen Importeurs nur aus Sondermodellen. Um die Preise halbwegs vergleichbar zu halten, beschränkt sich diese Liste auf das Grundmodell oder einer dem Grundmodell vergleichbaren Ausstattung (beispielsweise Niva Kult, Niva Only). Die manchmal willkürlich erscheinenden Preisschwankungen, zu denen auch spürbare Preissenkungen gehören, sind auch auf die Schwankungen der Konvertierung zwischen Rubel und D-Mark zurückzuführen. Die Preise bis 2001 sind in D-Mark, danach in Euro. Entnommen wurden die Preise der Deutschland-Preisliste aus der jeweiligen Ausgabe des Jahreskatalogs der Schweizerischen Automobil-Revue.

| 1994 | 1995 | 1996 | 1997 | 1998 | 1999 | 2000 | 2001 | 2002 | 2003 | 2004 | 2005 | 2006 | 2007 |
|---|---|---|---|---|---|---|---|---|---|---|---|---|---|
| 18990 | 19990 | 19990 | 21990 | 21990 | 21990 | 21990/ 11250 | 10250 | 10220 | 10450 | 10450 | 10450 | 10450 | 9871 |

| 2008 | 2009 | 2010 | 2011 | 2012 | 2013 | 2014 | 2015 | 2016 | 2017 | 2018 | 2019 | 2020 |
|---|---|---|---|---|---|---|---|---|---|---|---|---|
| 11275 | 9990 | 10990 | 10990 | 10990 | 10990 | 11250 | 11250 | 11990 | 11990 | 10790 | 11090 | 11990 |

## Sondermodelle in Deutschland

**Zu den populärsten Lifestyle-Sondermodellen gehörte der California 2,**

Sein Wesen ist seine Rustikalität. Ein Niva in Serienausstattung versprüht den Charme eines zähen Kolchosebauern. Doch westdeutsche Käufer wollten ihn gerne etwas schicker. Dieses Bedürfnis stillte der Importeur, vor allem in den 1980er Jahren, mit zahlreichen Sondermodellen. Jedes war individuell, aber ihnen gemein war, dass sie sich optisch und in Bezug auf die Ausstattung von den immer gleichen Fließband-Nivas abhoben. Mancher Sonder-Niva trug Metalliclackierung, alle hatten fetziges Streifendekor (aufgeklebt, nicht lackiert), Vinyldächer werteten die Autos auf, manche trugen sogar Faltschiebedächer und Geländesportstahlfelgen. Einige Beispiele, rein für den deutschen Markt: Niva 5000 von 1980 für 15.895 DM mit Teppichboden, Sportlenkrad, Zusatzscheinwerfern, Vinyldach und Armlehnen. Niva 5000 C von 1980 für 18.195 DM ähnlich wie der 5000, aber zusätzlich Sportfahrwerk mit Bilstein-Stoßdämpfern, Melber-Alus mit 195/R16-Reifen. Niva 5000 CA von 1980 für 21.195 DM mit noch breiteren Felgen (ATS-Alus, 225/R15-Reifen), dazu Faltschiebedach. Niva California 2 von 1997, auch Faltschiebedach, dazu Bullbar, Niva Kosak mit martialischen Kunststoff-Karosserieanbauteilen, 2009 gab es die Sondermodelle Kult, Only und Only Spezial zwischen 11.490 und 12.990 Euro mit diversen Dekors, Trittbrettern, Dotz-Stahlfelgen, Bullbar. Niva Spezial, speziell für Jäger und Förster inklusive Recaro-Sitze und Servolenkung, sowie Niva UT, ebenfalls für Wald und Wiese, aber nur als Zweisitzer. Diese Auflistung ist nur ein Auszug, es gab etliche Sondermodelle in mehr

**... aber der typische Niva-Kunde war kein Adept der Spaßgesellschaft. Er benötigte eher ein ernsthaftes Sondermodell ...**

**... mit ernsthaftem Zubehör. Alus und Dekorstreifen waren ihm egal.**

oder weniger großer oder kleiner Auflage. Die Sondermodelle waren nie jedermanns Sache. Puristen argumentieren zurecht, ein Lada Niva sei kein Lifestyle-Fahrzeug. Er ist ein Proletarier. Im positiven Sinne des Wortes.

## Erfolgsneid: Fiat gründet die Promotor

Zum »Deal« zwischen den Sowjets und Fiat gehörte, dass Fiat nicht in den Ostblock exportierte und mit den AvtoVAZ-Importen in den Westen nichts zu schaffen hatte. Fiat verbot anfangs seinen Vertragshändlern, Lada als Zweitmarke zu führen und Ladas zu reparieren. Dann setzte der Lada-Erfolg im Westen ein und Fiat profitierte in keiner Weise davon. Fiat realisierte, dass es ein Schuss ins Knie war, sich so sehr und auch noch vertraglich von Lada distanziert zu haben. Und die Kompensation, von den Sowjets geliefert, war Recyclingstahl, der so anfällig für Rost war, dass Fiat über Jahrzehnte der Ruf nachhing, nur Rostschüsseln zu produzieren.

Von Anfang an setzte Lada auf einen professionellen Vertrieb und baute eine schlagkräftige Exportorganisation auf. Der Lada-Erfolg ließ Fiat nicht ruhen. In etlichen Ostblock-Ländern liefen damals Fiat-Lizenzen vom Band, und bei diesen Fahrzeugen hatte Turin ein Mitspracherecht. Aber am Import dieser Wagen in die Bundesrepu-

**Welchen Grund sollte ein westeuropäischer Käufer gehabt haben, in den späten 1970ern ein polnisches Fahrzeug zu kaufen, dessen Original, der italienische Fiat 125, bereits seit 1972 nicht mehr gebaut wurde? Keinen! Außer ein paar überzeugten Kommunisten erwarb im Westen niemand einen Polski-Fiat 125p alias FSO 125p. Bis 1991 bauten ihn die Polen. Und sie hätten ihn noch länger gebaut, wäre ihr System nicht kollabiert.**

blik verdiente die Deutsche Fiat nichts. Denn dies erledigte der freie Importeur Walter Hagen in Krefeld, der auch den Autobianchi A 112 nach Westdeutschland holte, bevor sich Fiat dazu entschied, dies selbst zu tun. Bis 1978. Dann wurde Fiat, im Nachhall des Lada-Erfolges, selbst aktiv und entzog Hagen den Vertrag (der sich danach ab 1979 um den Daihatsu-Import kümmerte). Im März 1978 gründete Fiat als hundertprozentige Tochter die Promotor Automobil-Vertrieb GmbH in Heilbronn (wo auch die Deutsche Fiat situiert ist), die erst über ein Jahr später ihr Verkaufsgeschäft aufnehmen konnte. Im Portfolio der Promotor: Seat aus Spanien, Polski-Fiat aus Polen, Zastava aus Jugoslawien – natürlich nur ausgewählte Modelle, denen auf dem deutschen Markt Chancen zugebilligt wurden. Aus Polen kamen der 125p sowie die Schrägheck-Limousine Polonez, nicht aber der kleine Fiat 126, denn den verkaufte Fiat selbst, und bald wurde der 126er für den Weltmarkt in Polen gebaut, nicht mehr in Italien. Aus Jugoslawien kam die Schrägheckausführung des Fiat 128, und die Spanier hatten als Eigengewächs den Seat 1200/1430 Sport im Programm.

Promotor hatte große Anfangsschwierigkeiten, die Autos ins Land zu bringen. Halbwegs verlässlich waren die Lieferungen aus Spanien, aber die polnischen und jugoslawischen Autos kamen tröpfchenweise in homöopathischen Dosen und alles andere als zum vereinbarten Zeitpunkt. Promotor musste lernen, dass im kommunistischen Ostblock Wirtschaftszusagen einen anderen Wert hatten als im gewohnten, bundesrepublikanischen Umfeld. Und die Schwierigkeiten sollten bleiben. Promotor schaffte es nie, kontinuierlich liefern zu können, die Lizenz-Fiat blieben Außenseiter auf westdeutschen Straßen, obgleich es rund 150 Verkaufsstellen gab. Das waren teilweise Fiat-Händler, aber hauptsächlich Hinterhofwerkstätten oder Tankstellen. So erfolgreich der Lada in der Bundesrepublik war, so wenig nahmen die Westdeutschen Notiz von den Promotor-Angeboten Polski-Fiat, Zastava und Seat. Da kauften sie einen Lada lieber, sogar einen tschechischen Heckmotor-Škoda. Aber keinen polnischen Fiat 125p oder einen Jugo-Zastava 128.

**Der Fiat 128 war ein erfolgreicher Wagen der unteren Mittelklasse, nur das Stufenheck war etwas altmodisch. Das änderte Zastava in Jugoslawien und verpasste ihm ein schräges Heck mit großer Klappe. Eigentlich genial. Aber die Verarbeitung war nicht nur lausig, sondern einem westdeutschen Käufer schlichtweg nicht zumutbar. Werksfoto des westdeutschen Importeurs Promotor.**

Feuriger Spanier ohne Verkaufsfeuer in Westdeutschland: Fahrwerk und technische Komponenten vom Fiat/Seat 127, Design aus dem Seat-eigenen Centro Técnico in Martorell. Die Karosserie durchaus originell mit Polyurethan-Teilen vorne und hinten. Aber keine Chance gegen Manta, Capri & Co.

## Trotz Kommunistenangst: Lada strebte in die USA

In den USA war die Angst vor und die Jagd auf Kommunisten stark ausgeprägt. Ihren Höhepunkt hatte dies in der so genannten McCarthy-Ära, also in der Zeit kurz nach dem Kriegsende bis Mitte der 1950er Jahre. Damals wurden in den USA echte und vermeintliche Kommunisten und deren Sympathisanten vehement verfolgt, und diese Haltung hatte auch großen Einfluss auf die US-Politik im besetzten Deutschland, ja war maßgeblich für das Entstehen des Kalten Krieges. Die USA reagierten auch unversöhnlich, als sich Kuba unter Fidel Castro zunehmend kommunistisch orientierte, die Kubakrise brachte die Welt an den Rand eines Dritten Weltkrieges. Das sozialistische Schreckensbild beherrschte die USA lange, mal mehr, mal weniger, unter Präsident Jimmy Carter bis 1981 weniger, unter seinem Nachfolger Ronald Reagan wiederum mehr. In dieser Zeit, um 1980, wollte Lada die USA erobern.

Lada sollte von der Satra Corporation in New York (Adresse immerhin: 475, Park Avenue South) in die USA importiert werden, als im Frühsommer 1980 eine eher befremdliche Meldung für Schlagzeilen sorgte. Die amerikanische Außenhandelsfirma Satra plante den Bau eines Werkes in Savannah/Georgia und wollte dafür 1,5 Millionen Dollar in die Hand nehmen. Satra rechnete mit einer Jahresproduktion von anfangs 5000 Fahrzeugen, sowohl Limousinen als auch Nivas, und träumte von 50.000 Exemplaren pro Jahr. Präsident Carter war gegenüber den Plänen aufgeschlossen, Präsident Reagan fegte sie vom Tisch. Ein echter, flächendeckender Import kam nie zustande. Ladas in den USA sind seltene Stücke. Ein paar Enthusiasten pflegen ein paar Fahrzeuge, und diese Enthusiasten sind hauptsächlich gebürtige Sowjetbürger, die in die USA emigrierten und ihren automobilen Enthusiasmus mit importierten, emotional ebenso wie handgreiflich.

Anders in Kanada, wo Lada bis Juli 1997 aktiv war und in jüngster Zeit Anläufe nimmt, sich wieder zu etablieren. Der Lada-Geschäftsführer Vladimir Aprilfirstov sprach 2017 davon, den Nordamerikamarkt wieder beliefern zu wollen, beginnend mit Kanada, und sich in die

Nissan-Verkaufsorganisation einzuklinken. Im Schoße der Renault-Nissan-Allianz hätte Lada selbstverständlich ganz andere Vertriebsmöglichkeiten denn zuvor als Solo-Player. Der Niva-Import nach Kanada startete in den frühen 1980er-Jahren unter dem Namen Lada Cossack, parallel zu den japanischen Offroad-Flöhen à la Suzuki Samurai, es gab ihn als normalen, geschlossenen Wagen (»Niva Crossback«) wie auch als Pickup mit Verlängerung hinter den Hinterrädern und als Halbcabriolet mit Normalradstand. Während des ersten Jahres verkaufte Lada Cars of Canada immerhin 12.000 Niva. Importeur Peter Dennis Motor Co. hatte bereits ab Juni 1979 die Lada-Limousine nach Kanada gebracht (»Dennis Signet« mit Weißwandreifen), ziemlich populär dort (wie übrigens auch der Škoda Rapid zwischen 1982 und 1989).

Kanadische Ladas wurden in einem Aufbereitungswerk in Toronto mit Katalysatoren und kanadischen Reifen versehen, die Meilentachos bauten die Russen bereits am Fließband ein. Jeder Lada bekam einen weithin sichtbaren Aufkleber auf die Heckscheibe »Made in the U.S.S.R.« – das war zu Zeiten des Kalten Krieges durchaus ein State-

**Das ist ein Dennis Signet GL, sogar mit eigenständigem Markenzeichen im Grill. Importeur Peter Dennis sprach von 30 Prozent Wertschöpfung in Kanada. Prospekt vom November 1984, selbstverständlich »printed in Canada«.**

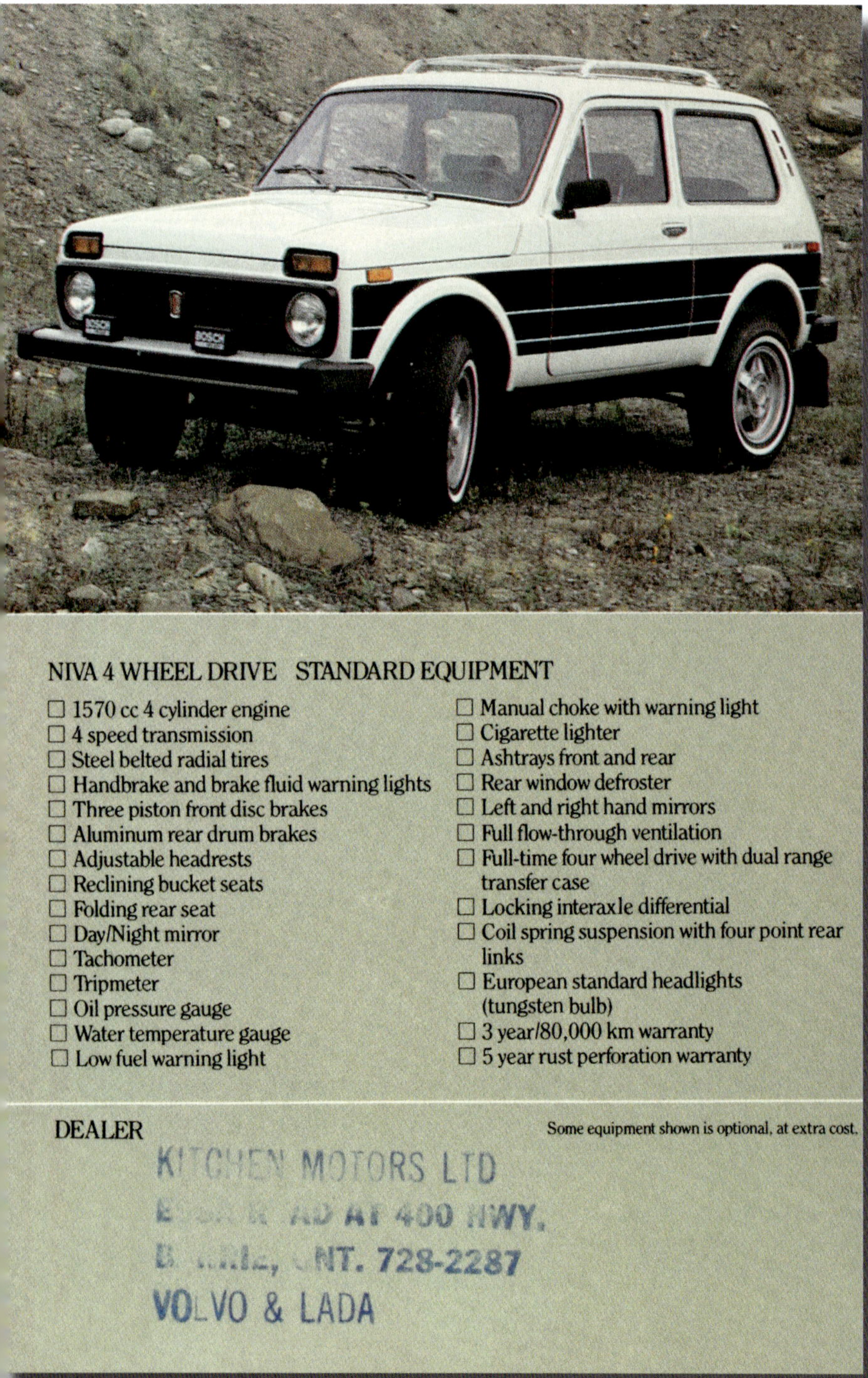


**Den US-Amerikanern blieb er verwehrt, die Kanadier konnten ihn kaufen: ziemlich amerikanisierter Niva alias Lada Cossack mit Dachreling und Bosch-Zusatzscheinwerfern.←**

ment auf dem amerikanischen Kontinent! Importierte Kleinjapaner und -koreaner machten den beiden Ostblock-Autos auf dem Kanada-Markt den Garaus. Peter Dennis verkaufte den Kanadiern den Lada mit dem Argument, das kanadische Klima sei dem russischen sehr ähnlich, und die meisten Fahrzeuge auf dem kanadischen Markt, die aus den USA oder aus Europa stammten, seien nicht für dieses Klima gemacht. Ein gutes Argument, das zog. Ladas verkauften sich in den 1980ern gut in Kanada. In den 1990ern nicht mehr, da waren sie für ein Publikum aus einem Industriestaat konstruktiv schlichtweg zu veraltet.

## Der Lada Niva in Frankreich: Poch sorgt für bestes Renommee

Frankreich war für Lada ein ebenso wichtiger und Devisen bringender Markt wie Westdeutschland. Dort war der Niva womöglich noch mehr verbreitet, denn Frankreich ist in sehr weiten Teilen rural geprägt und gerade in den Seealpen ist der Niva ein absolut geeigneter Klettermaxe. In Frankreich gab es in den 1970er und 1980er Jahren zwei große, private Importeure, und beide engagierten sich schwer im Motorsport. Der eine war Chardonnet. André Chardonnet (1923–2005) aus Paris begann nach dem Krieg als Importeur deutscher BMW-Motorräder und Veritas-Sportwagen, und neben Jacques Poch wurde Chardonnet der größte private Importeur Frankreichs, spezialisiert auf italienische Marken und Fiat-Lizenzen, darunter Maserati, Seat, Polski-Fiat, Zastava, aber auch Lancia und Autobianchi, was die französische Fiat-Filiale nicht selbst erledigte. Chardonnet war sehr rege. Er sorgte beispielsweise dafür, dass Alain Delon in den besten seiner Krimis während der 1970er und 1980er Jahre stets einen Lancia fuhr (und »Chardonnet« war im Abspann der Filme zu lesen), er überschwemmte Frankreich geradezu mit dem Autobianchi A112, ein für das weibliche Paris prädestinierter Stadtflitzer. André Chardonnet war begeisterter Motorsportler, gründete den A112-Cup in Frankreich, ja sogar ein eigenes Rallye-Team mit Lancia Stratos. Stars wie Michèle Mouton oder Bruno Saby waren bei ihm unter Vertrag. Chardonnet Compétition fuhr zwei Rallye-Weltmeisterschaftssiege ein und brachte zwei französische und zwei europäische Meistertitel nach Hause. Unvergessen bleibt der

**Stets einen etwas anderen Niva im Programm: Stand des Lada-Importeurs Poch auf dem Geländewagen-Salon in Val d'Isère 1990 vor eindrucksvollem Panorama. Der vordere Wagen trägt einen absoluten Wide-Body-Kit.**

**Nicht ganz so viel Kunststoff-Anbauteile, aber auch satt verbreitert: Lada Niva als Importeur-Sondermodell Grand Large, ausgestellt auf dem Pariser Salon im Herbst 1992.**

Monte-Sieg 1979 des Lancia Stratos Chardonnet von Bernard Darniche und Alain Mahé.

Jacques Poch (1912–2009) konzentrierte sich auf den Ostblock. Gleich nach dem Krieg brachte er Škoda, Tatra, Aero-Minor und Jawa- sowie CZ-Motorräder nach Frankreich, später auch Moskwitch, und Poch war ab 1952 auch der Borgward-Importeur. 1953 fuhr der begeisterte Motorsportler einen Werks-Borgward bei den 24 Stunden von Le Mans, die er sieben Mal bestritt. Ab 1956 vertrieb Poch Glas und Goggomobil in Frankreich, und auch die Luxuswagenmarke Facel-Véga setzte auf Jacques Pochs etabliertes Händlernetz. Ab 1973 war Lada das große Zugpferd von Poch, er wurde zu den führenden westlichen Lada-Importeuren. Auf seinem Höhepunkt 1983 hatte Poch in Frankreich immerhin 350 Händler unter Vertrag, und die 1980er Jahre waren auch die Zeit, als sich der Lada Niva am besten verkaufte. Das hängt mit der linksrheinisch damals ungemein populären Rallye Paris-Dakar, später Rallye Dakar, zusammen. Ab der zweiten Ausgabe 1980 beteiligte sich der Poch-Niva erfolgreich am Marathon und erreichte dort einen ziemlichen Ruhm. Denn die von Poch vorbereiteten Nivas waren zumindest anfangs keine elaborierten Prototypen, sondern weitgehend seriennahe Fahrzeuge, und der Privatkunde konnte seinen eigenen Lada Niva mit den Wettbewerbsfahrzeugen identifizieren, welche die Strapazen des Marathons gut überstanden.

Der 1980er Poch-Niva wurde zu spät für die Paris-Dakar fertig, zwei private Nivas bewältigten die Strapazen. Zwei Werksautos 1981, vier im Jahre 1982, Jean-Claude Briavoine und André Deliaire schafften einen hervorragenden zweiten Platz. Im Folgejahr belegen die beiden »nur« Rang 36, doch der Werks-Niva von André Trossat und Eric Briavoine errang erneut Platz 2. 1984 emanzipierte sich der Poch-Niva vom Serienfahrzeug: etwas längerer Radstand und somit auch Vorbau, dadurch veränderte Proportionen, hinten eine Art »Kasten« für mehr Stauraum (die Umbauten ließ Poch vom Karosseriebauer Lebranchu vornehmen, der für ihn bereits das Niva Cabriolet baute). Die Premiere dieser Evo-Version verlief enttäuschend, kein Poch-Niva sah die Ziellinie. Der Formel-1-Fahrer Jean-Pierre Jabouille initiierte für 1985 einen 2,7-Liter-PRV-V6-Motor im Niva, ein völlig modifiziertes Fahrwerk und eine aerodynamische Kunststoffkarosserie.

Trotz Promis am Steuer – eben Jabouille, aber auch Paris-Dakar-Urgestein Jean-Louis Schlesser – erwies sich das Fahrwerk als zu weich, keiner kam an – dafür hielten Privatteams die Niva-Flagge hoch. Dafür vierter Platz 1986 für Pierre Lartigue und Bernard Giroux. 1987 gewann Poch Jacky Ickx als Starfahrer, auch er kam nicht an. 1988 war das letzte Jahr, an dem sich Poch mit mehreren Lada Niva an der Rallye Dakar beteiligte: Jacky Ickx und Christian Tarin nach einem spektaku-

**Die Dakar wird gefeiert – natürlich mit einem Poch-Sondermodell namens Dakar.**

Mit silberfarben lackiertem Grill: Autogasantrieb für den Niva vom französischen Importeur Poch.

**Auf Wunsch im »New Look« mit elektrischem Schiebedach und elektrisch verstellbaren Außenspiegeln, Alufelgen auf Wunsch, dazu die Sonderlackierung Anthrazitmetallic.**

lären Überschlag auf Rang 38. Jacques Poch hatte seit 1981 an allen Dakar-Rallyes teilgenommen, nie gewonnen, aber zwei hervorragende zweite Plätze errungen, und ab 1990 beteiligte er sich an der Wüstenrallye mit einem Prototyp auf Lada-Samara-Basis mit Porsche-Motor. Diese beständige Niva-Präsenz bei der wichtigen Rallye sorgte für ein sehr gutes Renommee des Lada Niva in Frankreich.

Zusätzlich zu den Paris-Dakar-Einsätzen organisierte Jacques Poch ab 1983 die Nivalp Lada, bis 1991 acht Mal in Folge. Das war ein gemeinsamer »Ausritt« von Lada-Niva-Fahrern im Frühsommer, eine 2000 km lange und 14 Tage dauernde Entdeckungsfahrt quer durch die französischen Alpen, kein Wettbewerbscharakter, sondern eine freundschaftliche und kulturelle Zusammenkunft. Jedes Jahr nahmen rund 50 Niva teil. Poch war sehr rührig und ein Werbefachmann. So trug die Fußball-Nationalmannschaft von Monaco ab 1988 Trikots mit »Lada«- und »Poch«-Aufschrift. Ende 1992 schluckte Poch seinen bankrotten, ewigen Konkurrenten Chardonnet. Im Folgejahr wurde Poch

Metalliclackierungen waren eine Poch-Spezialität. Das waren nachlackierte Neuwagen, denn der Metalliclack wurde im Fahrzeugaufbereitungszentrum in Haguenau aufgebracht.

**Farbenfrohe Metallicauswahl für französische Niva-Interessenten im Jahre 2004, lieferbar als 1,7i und gegen 1900 Euro Aufpreis als Autogasversion (»Bi-Carburation«).**

**Die Boliden am Start der Rallye Dakar 1985: links # 193 von Pierre Lartigue und Bernard Giroux, rechts # 192, der Niva von Jean-Louis Schlesser und Jean-Pierre Fleur. Keiner erreichte das Ziel.**

von Avto-VAZ, also Lada, übernommen, das Unternehmen wurde zu Lada-France und somit zum offiziellen Werksimporteur.

Poch unterhielt an der deutsch-französischen Grenze, im elsässischen Haguenau, ein riesiges Fahrzeugaufbereitungszentrum. Dort wurden die Neuankömmlinge (auf Eisenbahnwaggons aus der Sowjetunion angeliefert) verzollt, entwachst, qualitativ überprüft, gegebenenfalls aufbereitet und auf jenen Standard gebracht, damit sie den französischen Qualitätsansprüchen und Zulassungsbestimmungen entsprachen (u.a. gelbe Scheinwerfer, Sicherheitsgute etc.). In diesem Niva-Empfangszentrum wurden auch die speziellen Poch-Versionen hergestellt. Denn Poch agierte, wie es andere Ostblock-Importeure auch taten, gerne mit Sonderserien, baute an die Nivas Bodykits an, versah sie mit Vinyldächern oder aufgeklebten Seitenstreifen. Diese Spezial-Nivas wurden dann auf der jährlichen Geländewagen-Messe in Val d'Isère (»Salon du 4x4« seit 1984) präsentiert. Die Franzosen hatten nämlich, im Gegensatz zu den Westdeutschen, ab des 1980er-Jahre-Geländewagenbooms eine spezielle 4x4-Messe, stilecht abgehalten in den französischen Seealpen. Versuche dazu in Deutschland gab es auch, aber nichts etablierte sich dauerhaft.

Einige Poch-Sondermodelle auf Niva-Basis: Randonnée, Grand Large, GPL, Plein Soleil, Plein Soleil deux tons, Saint Tropez oder Europe 1. Das waren Fahrzeuge mit Karosserieanbauteilen, teilweise sogar richtiggehende Wide-Body-Kits, Autos mit Schiebedächern, auf Luxus oder Sportlichkeit getrimmt, mit speziellen Alufelgen, mit Metallic- oder Zweifarblackierungen – was auch immer einem Importeur einfällt, um einen Lada Niva attraktiv zu gestalten. Der deutsche Importeur tat dasselbe, auf seine Weise.

Die Evo-Modelle der Poch-Nivas für die Rallye Dakar tragen eine Art kastenförmiger Verlängerung am Heck, im Bild das 1985er Fahrzeug von Jean-Louis Schlesser und Pierre Fleur.

Die Dakar-Erfolge wurden in Frankreich gefeiert. Sonderdruck der französischen Offroad-Zeitschrift 4x4 Tout Terrain Magazine von 2006, der sich ausschließlich dem Niva widmet.

Lada Niva als Streckensicherungsfahrzeug auf der Rennstrecke in Dijon-Prenois, gesehen im August 2003. Der Wagen trägt keine Zulassung, da er sich ausschließlich auf Privatgrund bewegt. ←

## Go West! Europäische Importeure

In jedem europäischen Land war der Lada am Markt. AvtoVAZ schaffte es durch seine straff organisierte Außenhandelsorganisation, in wichtigen Ländern eigene Stützpunkte zu errichten oder mit etablierten oder extra dafür gegründeten Importeuren zusammenzuarbeiten. Der AvtoVAZ-Export startete 1973, weil es eine Vereinbarung mit Fiat gegeben hatte, wonach der Lada so lange nicht exportiert werden durfte, wie der originale Fiat 124 noch am Markt war. Insgesamt exportierte AvtoVAZ über 60 Prozent seiner Produktion, in den Westen und in den Ostblock.

In Frankreich war es Poch, aus dem später Lada-France wurde. In die Schweiz wurde der Lada von der Sares S.A. bei Lausanne importiert, den österreichischen Markt bediente der deutsche Importeur. Gleich zwei Stützpunkte hatte der italienische Importeur: In Rom beheimatet war Vittorio Martorelli, in Mailand Automec Martorelli. Spezialität der Italiener war der Einbau eines Peugeot-Indénor-Diesel in den Niva, weil Dieselfahrzeuge in Italien ebenso wie Dieselöl steuerbegünstigt waren. Zuständig für die Niederlande war Gremi Auto-Import BV in Groningen (seit 1971), für Luxembourg Sadco S.A. (seit 1965), für Belgien Scaldia-Volga BV in Brüssel. In den Benelux-Staaten mit (nahezu) keiner eigenen Automobilindustrie hatten Importfahrzeuge schon immer eine große Chance am Markt, da es keine Platzhirsche gibt.

**Die Fahrzeuge für Österreich, hier ein Testwagen mit Wiener Zulassung in den Tiroler Bergen, wurden vom deutschen Importeur geliefert. Der Wagen hieß dort Lada Taiga.**

Eine Sonderstellung nimmt Scaldia-Volga ein, 1964 als belgisch-sowjetische Aktiengesellschaft (mit sowjetischer Mehrheitsbeteiligung!) zum Fahrzeugimport und zur -montage gegründet. Zunächst importierte Scaldia-Volga den ZAZ-965, Moskvitch 408 (als »Scaldia 1400 Elite«) und den Volga GAZ M-21. Der Volga wurde teilweise ohne Motor importiert, und bei Scaldia-Volga wurde dem Wagen ein Dieselmotor (englischer Perkins oder französischer Peugeot-Indénor) eingebaut. Als der neue Volga GAZ M-24 erschien, bekam auch er wieder einen Diesel verpasst, ein sehr beliebtes Taxi auf dem belgischen Markt. In den 1980ern importierte Scaldia-Volga das nahezu komplette sowjetische Automobilprogramm, auch Lada Limousinen und den Niva. Nach dem Zusammenbruch der Sowjetunion sank der Umsatz, Scaldia-Volga konnte sich halten, schrumpfte aber trotz des Imports koreanischer Autos immer weiter und stellte 2006 seine Aktivitäten ein.

Relativ wichtig war Lada von Anbeginn auf der britischen Insel, Import seit 1974 (nach Irland seit 1983), zeitweise erreichte Lada zwei Prozent des kompletten britischen Fahrzeugverkaufs, Rückzug vom britischen Markt 1997. Der Lada-Bestand reduzierte sich sehr schnell, weil viele Fremdarbeiter aus ehemaligen Ostblockstaaten die vorhandenen Gebrauchtwagen aufkauften und mit in ihre Heimat nahmen, wo sie sie mit Gewinn weiterverscherbeln konnten. Gerade in Russland waren Europa-Nivas sehr beliebt. Denn jedermann in Russland wusste, dass die für den Export bestimmten Fahrzeuge in besserer Qualität gebaut worden waren als die für den Heimatmarkt bestimmten. Es gab Zeiten in den 1990er Jahren, da waren die Autofähren von England nach Lettland oder Litauen voll mit gebrauchten Nivas auf ihrem Weg zurück nach Russland! In den baltischen Staaten spezialisierten sich Werkstätten darauf, rechtsgelenkte Nivas auf Linkslenkung umzubauen.

Spanien hatte keinen Lada-Importeur, dafür Portugal zwischen 1986 und 2002. Enge Wirtschaftsbeziehungen zur Sowjetunion unterhielt Finnland, schon alleine aus geographischen Gründen. Der Lada war dort das Auto der kleinen Leute, der finnische Autobauer Valmet montierte in den 1990er Jahren den Samara (auch für den Export nach Deutschland, »Euro-Samara made in Finnland«). Noch heute exportiert Lada den Niva nach Finnland. Auch Island war, des rauen Klimas wegen, dankbarer Niva-Abnehmer. In Schweden war der Niva beliebt und hat heute eine Art Kult-Anhängerschaft, Neuwagen ab 1999 nur noch über graue Importeure, wegen der anhaltenden Nachfrage engagierte sich Lada selbst zwischen 2010 und 2019 wieder. Ende der 1980er Jahre begann der Lada-Import in die Türkei, wo der Niva bis heute ein treues Publikum hat, noch 2021 wird er als Zwei- und Viertürer importiert und verkauft sich gut.

Alle Importeure bemühten sich, dem ewigen und immer gleichen Lada Niva ein besonderes Gesicht zu geben, ihn also den kapitalisti-

**Van Divide in Osnabrück schnallte dem Niva Halbcabriolet einen Alkovenaufbau auf, der auf einem mit dem Fahrzeug starr verbundenen Anbau mit dritter Achse montiert ist. Im Fahrbetrieb eine Einheit, bei Bedarf abkoppelbar. Dann ist der Niva ein ganz normales Cabriolet.**

schen Marktgegebenheiten anzupassen. Die Importeure verpassten dem Niva Bodykits und Sonderlackierungen, Luxusextras, kreierten Sonderserien, ließen Nivas von lokalen Karosseriebauern in kleiner Serie zum Cabriolet umbauen. Je nach nationaler Besonderheit gab es den Niva mit Dieselmotor oder mit Autogas-Antrieb. Am beliebtesten waren natürlich Sonderserien mit speziellen Offroad-Anbauteilen, auch welche, die auf die Bedürfnisse von Jägern und Fischern zugeschnitten waren. Es gab Dachzelte für den Niva, ja sogar Wohnmobile auf seiner Basis.

Von den meisten europäischen Märkten zog sich Lada im selben Jahr, nämlich 1997, zurück. Das lag daran, dass es ein EU-Gesetz von 1992 gab, wonach alle neu zugelassenen Fahrzeuge ab 1997 Abgasrichtwerte erfüllen mussten, welche die Lada-Motoren ab Fließband nicht erfüllen konnten. Manche Importeure halfen sich selbst, die meisten gaben auf. In dieser Zeit wurde Lada in Europa das Leben sehr schwer gemacht: Zunehmend wurden preiswerte Koreaner (Daewoo und Proton) nach Europa importiert, der nunmehr nach Volkswagen-Qualitätsrichtlinien produzierte Škoda schnappte dem Lada viele Käufer weg (nicht dem Niva, aber den Limousinen), und weil der Škoda schlichtweg das bessere Auto war, erwarben viele Kunden in ehemaligen Ostblockländern, die nach wie vor die Fahnen »ihrer« bekannten Marken hochhielten, lieber einen Tschechen als einen Russen (genau das gilt auch für die Menschen in den Neuen Bundesländern).

Zuständig für die Schweiz war Sares S.A. in Chavannes-Lausanne, und die Prospekte waren, den Amtssprachen der Schweiz entsprechend, dreisprachig in Deutsch, Französisch und Italienisch gehalten. Der Niva trägt Dotz-Pharao-Felgen.

Schweizerische Eigenart: Niva mit Vorrichtung zum Transport von Milchkannen von den Bergbauernhöfen ins Tal.

Cover des 1979er Prospektes von Scaldia-Volga N.V. aus Brüssel, von dem es stets zwei Versionen gab, eine in flämischer und eine in französischer Sprache.

Der niederländische Importeur Gremi bot, wie die meisten anderen Mitte der 1980er Jahre auch, Cabriolets an. Sie unterschieden sich voneinander, die einen waren nur im hinteren Bereich offen, andere, wie die Gremi-Interpretation, trugen auch ein »Sonnenloch« über den Vordersitzen.

Das niederländische Gremi-Cabriolet »Savanne« ist ein deutscher Umbau und stammt von Thiele aus Bremen.

Spezial-Niva des italienischen Importeurs Martorelli von 1988, wahlweise mit 1,6-Liter-Peugeot-Benzinmotor mit 78 PS oder mit 1,9-Liter-Indénor-Diesel (65 PS) lieferbar.

Das 4x4-Derivat der italienischen Autozeitschrift Autoruote widmete dem Martorelli-Niva 1988 einen Sonderdruck.

## Der Niva in der weiten Welt

Brasilien: Nach Aufhebung des Autoimportverbots durch Präsident Fernando Collor 1990 strebte Lada auf den brasilianischen Markt und war in den ersten beiden Jahren der erfolgreichste Importeur. 1997 zog sich Lada aus Brasilien zurück, der Niva ist dort nach wie vor ein begehrter Gebrauchtwagen. Chile: Der Niva war ein Erfolgswagen, dort ausgestattet mit Katalysatoren aus schweizerischer Produktion. In Kolumbien herrschten schon immer gute Wirtschaftsbeziehungen zur Sowjetunion, daher waren Ladas seit ihrer Geburt dort gerne gesehene Importwagen. Nach Kuba wurde der Lada logischerweise auch geliefert, dort ist sogar die Polizei mit Lada Niva ausgestattet. In Ecuador hat die Marke eine lange Tradition, zwischen dem Jahr 2000 und 2004 wurde der Niva 1,7i im Aymesa-Werk montiert. Import des Niva, auch des viertürigen, bis 2010. In Australien war der Niva als Pickup mit verlängertem Bereich hinter den Hinterrädern (Normalradstand) beliebt, ebenso das Halbcabriolet. Import bis 1994, der Niva genießt in Australien nach wie vor hohes Ansehen einer kleinen, aber treuen Fangemeinde. Ähnlich in Neuseeland, das viel Fleisch, Milchprodukte und Düngemittel in die UdSSR exportierte und dafür Ladas im Tausch erhielt.

**Straßenszene in Trujilo, Kolumbien im Jahre 1975, das Fahrzeugaufkommen völlig typisch für die Zeit und für das Land: lauter brasilianische Volkswagen, prominent im Vordergrund ein Lada VAZ-2101, und wer genau hinsieht, erkennt hinter dem VW T1 Bulli einen Opel Rekord C, wahrscheinlich aus mexikanischer Produktion.**

## Im sozialistischen Bruderstaat: Der Niva in der DDR

Der Lada als Limousine und Kombi war in der DDR ein äußerst beliebtes Fahrzeug. Er genoss hohes Ansehen, höher als jenes eines Wartburg, und obendrein profitierte er vom Nimbus des Westfahrzeugs, auf dem er basierte. Er galt als der »Mercedes des Ostens«. Man sollte meinen, dass dies auf den Niva abfärbte, dass der Niva in der DDR ebenso beliebt und verbreitet gewesen wäre. War er aber nicht! Denn er wurde in nur sehr geringer Stückzahl ab den frühen 1980er Jahren in die DDR importiert, niemals unter der Bezeichnung »Niva«. In der DDR sprach man vom VAZ-2121. Dennoch bezeichnete die DDR-Zeitschrift Kraftfahrzeugtechnik den Wagen als »Niwa«, und noch in seiner Ausgabe 1/1988 titelt Der Deutsche Straßenverkehr: »Im Test: Lada Niwa«.

Zugeteilt bekamen ihn hauptsächlich land- und forstwirtschaftliche Betriebe, auch Geologiebetriebe, Carl Zeiss Jena baute wenigstens einen Niva zum Pickup um. Einige wenige landeten bei der Volkspolizei, hauptsächlich als Funkstreifenwagen auf den Transitstrecken der DDR unterwegs, auch als Führungsfahrzeug der VoPo-Bereitschaften. Die Behörden der DDR hätten gerne wesentlich mehr Exemplare gehabt, als ihnen zugewiesen wurden. Man half sich auf dem kleinen Dienstweg: Die DDR-Außenhandelsabteilung KoKo, unter Alexander Schalck-Golodkowski zuständig für die Beschaffung von Embargo-Ware, erwarb etliche Nivas im Westen und verteilte sie an Feuerwehren, Landwirte und Förster zwischen Erzgebirge und Ostsee. Zuständig für

**Ferienfreuden am Ostseestrand: Lada 1500, in der DDR »Shiguli« genannt, mit sehr sportlichen Radkappen und Leipziger Zulassung.**

**Bauchschau auf der Leipziger Herbstmesse 1982: Schräg gestellt auf einer Rampe, offenbart der Niva den Besuchern seine Technik.**

die Kraftfahrzeugbeschaffung war Siegmund Kronenberger. Er leitete den Deal mit dem großen Hamburger Autohaus Dello ein, das nicht nur Opel, sondern auch Lada verkaufte. Tausende Lada Niva wurden von Togliattigrad nach Hamburg geliefert und reisten von dort in die DDR ein. Es gab auch Fälle, da Lada Niva als Dienstwagen registriert, aber privat genutzt wurden.

»Aus Versehen« kamen auch einige Exemplare in private Hände, zum Abschöpfen der Kaufkraft (Preis: fast 40.000 Ostmark). Aus der Sicht der DDR-Bürger sah der Niva mit seinen schmalen Rädern nicht gut aus, sie wünschten sich einen stärkeren Auftritt und montierten gerne die Felgen und Reifen vom Volga M-24. Das sah das KTA (Kraftfahrzeugtechnisches Amt, das Äquivalent zum westdeutschen TÜV) gar nicht gerne. Auch das Werk lehnte diesen Umbau wegen angeblich zu hoher Belastung der Achsen (bei einem Offroader!?) ab.

Bekannt war der Lada Niva in der DDR, auch in allen anderen Ostblockstaaten, denn er wurde viel auf Ausstellungen gezeigt – auf den

Leipziger Messen im Frühjahr und im Herbst, im polnischen Posen, auch auf der Autoprogress in Brünn. Aber diese Messen waren ja, im Gegensatz zu westlichen Automessen, kein Spiegelbild dessen, was man kaufen konnte, sondern eher dessen, was es gab. Sie animierten zum Träumen (oder zum Heulen), weil sie Bedürfnisse weckten, die nicht befriedigt werden konnten.

Das änderte sich schlagartig nach dem Systemwandel und der Währungsunion. Die Jahre 1991 bis 1993 waren Boom-Jahre für den Lada-Importeur. Worauf die ehemaligen DDR-Bürger zu DDR-Zeiten lange warten und viel Geld bezahlen hatten müssen, bekamen sie nun zu einem erschwinglichen Preis. Anders als Wartburg und Trabant, die automobil gewordenen Symbole des untergegangenen Staates und genauso verhasst wie dieser, symbolisierte der Lada nichts Negatives, so wenig wie der Škoda. Diese beiden Marken wurden nicht verantwortlich gemacht. Zum Preis eines gebrauchten Golf oder Astra war Anfang der 1990er Jahre in den Neuen Bundesländern ein Lada erhältlich, vermeintlich sogar in besserer Qualität als zuvor. Denn nicht tot zu kriegen war die Meinung, dass Ladas für den Westexport sorgfältiger gebaut seien als Ladas für das Inland und den Export in Ostblock-Staaten. Und endlich konnten sich die Leute auch einen Niva kaufen, neu oder gebraucht. Schließlich war in diesen Jahren der westdeutsche Gebrauchtwagenmarkt leer gefegt. Alles, was rollte, und sei es mit letzter Kraft, wurde zunächst in die Neuen Bundesländer und danach in die weiteren Staaten des ehemaligen Ostblocks verfrachtet.

Nach rund drei Jahren hatten die DDR-Bürger vom Lada aber genug, der Škoda, der Dacia und die Koreaner, auch der Seat, machten das Rennen um deren Gunst. Bis heute ist das so. In den Neuen Bundesländern werden nach wie vor andere Wagen gekauft und gefahren als in den Alten Bundesländern. Der Lada spielt aber hier wie dort nur noch die Rolle eines Individualisten.

**Der sowjetische Automobilstand auf der Leipziger Herbstmesse 1984 war mit Szenen sowjetischer Kinofilme geschmückt.**

Im Umfeld der Posener Messe 1978 wartet ein Lada Niva darauf, auf seinen Stand zu gelangen und zuvor nochmals sorgfältig aufpoliert zu werden. Damals war er noch ganz neu, einer seiner ersten Auftritte in einem sozialistischen Bruderstaat.

Messe Posen 1980: Im Umfeld seiner Brüder, große und kleine, präsentiert sich der Niva vor einer Lada Limousine, links blickt ein Zaporojez 968 ins Bild. Im Hintergrund ist der Opel-Stand zu sehen, ein Ascona B ist zu erkennen.

Niva vis-à-vis des Peugeot-Standes mit überdimensioniertem Michelin-Männchen auf der Posener Messe 1980.

Respekt einflößend, je nach Gewissenslage auch Angst einflößend, für andere aber auch »nur« der Arbeitsplatz: Lada Niva als Funkstreifenwagen der DDR-Volkspolizei.

Seit Beginn der Einfuhr in die DDR war der Lada sehr beliebt und sehr begehrt, sowohl als Limousine ...

... als auch als Kombi. Aber an einen Lada Niva kamen nur sehr wenige DDR-Bürger.

## Niva oben ohne: Das Cabriolet von Thiele

Die 1980er waren das Jahrzehnt der Cabriolet-Renaissance, nach Jahren der Verteufelung. Diese kam nicht aus Europa, sondern aus den USA, aufgrund dortiger Sicherheitsbestimmungen. Doch was in den USA gilt, ist für Importeure verpflichtend, und die USA sind für etliche europäische Automobilhersteller das Hauptexportland.

Es war eine Mode unter Importeuren in Europa, Cabriolets anzubieten. Geeignete und ungeeignete Fahrzeuge wurden ihres Daches beraubt, die Resultate rangierten von betörend bis abstoßend, von erfolgreich bis unverkäuflich. Die Importeure wandten sich an mehr oder weniger etablierte Karosseriebaubetriebe, die – manchmal eigenverantwortlich, manchmal mit Unterstützung der Importeure – aus Limousinen und Coupés Cabriolets mit und ohne Überrollbügel kreierten, dafür eine Allgemeine Betriebserlaubnis erhielten und im Auftrag der Importeure munter produzierten. Jacques Poch in Frankreich ließ seine Nivas vom französischen Karosseriebauer Lebranchu konvertieren und nannte den offenen Niva »Plein Soleil«, er konkurrierte mit dem Citroën Méhari und dem Renault Rodéo. Lada Deutschland wandte sich an den renommierten Karosseriebauer Thiele aus Bremen, der den Niva enthauptete, und so manch anderer Importeur klinkte sich ein, beispielsweise Gremi in den Niederlanden.

Thiele schnitt dem Lada Niva nicht einfach nur das Dach ab. Die Türen blieben unverändert, also mit Rahmen. Die B-Säule wurde verbreitert und verstärkt, beide B-Säulen erhielten oben eine Verbindung, das war der Überrollbügel. Die Dachhaut über den Vordersitzen entfernte Thiele, im vorderen Bereich war der Niva also wie eine Cabriolimousine konstruiert. Der hintere Bereich war völlig offen, im Profil ergab sich also ein Look wie bei einem Pickup, aber hinten war keine Ladefläche, sondern die Rücksitzbank. Die Serienrückleuchten blieben erhalten, das ungefütterte Segeltuchverdeck bedeckte den kompletten Dach- und Heckbereich.

**Lada Niva Cabriolet zwischen VAZ-2107 (Lada 1500 S) und einem Subaru Libero auf dem Hof eines Fiat-Händlers, der auch Lada führt. Ab Mitte der 1980er Jahre war das seitens Fiat erlaubt (aber nach wie vor nicht gerne gesehen).**

Ein absoluter Glücksbringer, ein Spaßgerät comme il faut: offener Lada Niva mit Offroad-Anbauteilen bei lustvoller Demonstration seiner Watfähigkeit.

LIBERO
NIVA

Der Karosseriebaubetrieb von Wilhelm Thiele existierte von 1895 bis 2002, geht also noch auf die Kutschenbauzeit zurück und entstand aus einer kleinen Stellmacherei. 1912 baute Wilhelm Thiele erstmals eine Automobilkarosserie auf ein Dürkopp-Chassis, weitere Aufbauten nach Kundenwunsch folgten. Nach dem Ersten Weltkrieg fertigte Thiele zivile Fahrzeuge wie Bestattungs-, Kranken- und Geschäftswagen auf Pkw-Fahrgestellen.

Mitte der 1920er Jahre, in wirtschaftlich sehr schwierigen Zeiten, trat der Sohn des Firmengründers, Fritz Thiele, in die Firma ein. Parallel zum wirtschaftlichen Aufschwung nach 1933 weitete die Firma ihr Portfolio aus und erstellte auch Lkw-Aufbauten und -Anhänger sowie Omnibus-Karosserien. Während des Zweiten Weltkrieges konvertierte Thiele große Wagen zu Funk- oder Sanitätsfahrzeugen. Im Oktober 1944 brannte der Betrieb völlig aus, die Produktion ruhte.

Nach den Aufräumarbeiten und dem Wiederaufbau konnte Thiele bereits 1945 mit Reparaturarbeiten an Fahrzeugen beginnen. Neuaufbauten waren wegen Materialmangels nur selten möglich. Nach der Währungsreform 1948 stieg die Nachfrage nach Lkw- und Omnibusaufbauten stark an. Thiele machte im Bereich der Bestattungswagen überregional von sich reden, als im Jahre 1951 zwei Borgward 1 ¼ Tonner Bestattungswagen nach Addis Abeba geliefert wurden. Sie fanden Verwendung am Hofe des Kaisers von Äthiopien, Haile Selassi I. Ab 1957 war Wilhelm Thiele, ein Enkel des Firmengründers, im Unternehmen tätig. Sein Interesse galt dem Bau von Spezialfahrzeugen, wie beispielsweise mobilen Kliniken oder Fernsehübertragungswagen. Nachdem der Omnibusbau Ende der 1950er Jahre eingestellt worden war, spezialisierte sich Thiele auf fahrbare Zweigstellen für Geldinstitute, gepanzerte Wagen für Geld- und Werttransporte und zunehmend auch Trägerfahrzeuge und -aufbauten für den kombinierten Verkehr. Bestattungswagen blieben ebenfalls ein Standbein und wurden überregional geliefert. In den 1980er Jahren war der Auftrag der Deutschen Lada zur Konversion des Niva in ein Cabriolet einer von vielen Aufträgen.

Die Karosseriefabrik Thiele vollzog eine rasante Entwicklung: 1962 Neubau des Stammwerkes, 1972 Zweigbetrieb in Bremerhaven, 1979 ein zweites Tochterwerk. Dies verlangte große Investitionen. Als dann Verbindlichkeiten durch den Konkurs der Tochter- und Partnerfirmen hohe Summen erforderten und gleichzeitig das Inlandsgeschäft stagnierte, war die Hausbank nicht mehr bereit, das Risiko zu tragen. 2002 wurde das Konkursverfahren eingeleitet.

**Das Heckabschlussblech der ersten Niva-Generation blieb beim Cabriolet erhalten. Die Folgegeneration mit aufrechten Heckleuchten hätte einer Umkonstruktion bedurft. ←**

## Von Namen und Zeichen

Im Kühlergrill ein Schiffchen, seit Anbeginn. Das ist das Lada-Zeichen. Die Wikinger (um genau zu sein: die Waräger) fuhren mit ihren Segelbooten über die Wolga. Die Waräger waren kriegerische Männer mit ausgeprägten Handelsinteressen in der Zeit zwischen dem 8. und 12. Jahrhundert. Sie stammten aus Südschweden und betrieben kriegerischen Handel im Gebiet von Dnepr, Düna, Wolga und Don bis ins Kaspische und Schwarze Meer. Die dortigen Bewohner nannten deren Boote »Lada«, was altrussisch »Liebchen« oder »Liebling« heißt.

Offiziell wurde anfangs nur vom VAZ-2121 gesprochen, doch parallel zum Produktionsbeginn am 5. April 1977 bekam er die Typbezeichnung »Нива«, in der wissenschaftlichen Transkription »Niva«, in der populären »Niwa« (wir entschieden uns im Buch für Niva, so schreibt auch Lada Deutschland den Namen, so steht es auf dem Kofferraum-

**Es ist kein Schwan mit überzeichneten Flügeln. Manch einer dachte das beim Anblick des Lada-Signets. Es ist ein stilisiertes Wikinger-Schiff, das den Kühlergrill schmückt.**

Ein schöner Rücken...

deckel geschrieben). Auf manchen Märkten votierten die Importeure für andere Namen, zumeist blieb es bei Niva. Ganz interessant ist, dass der bundesrepublikanische und der österreichische Markt schon immer vom selben Importeur bedient werden, aber der Wagen in Deutschland »Niva« und in Österreich »Taiga« heißt.

Ab Mai 2013 hieß er auch in Deutschland Taiga, es hatte sich ausgenivat. Grund waren Namensstreitigkeiten mit General Motors. Der in einem amerikanisch-sowjetischen Joint-Venture hergestellte VAZ-2123 wird seit Anbeginn 2002 als Chevrolet Niva vermarktet, und plötzlich missfiel es den Amerikanern, dass der Lada, den es viel länger gibt, immer noch Niva hieß. Da es nicht unbedingt ratsam ist, mit US-Anwälten zu streiten, zog AvtoVAZ es vor, den Wagen von Niva in Taiga umzubenennen. Beides sind landschaftliche Begriffe. Niva heißt auf Russisch »reifes Kornfeld«, »Taiga« ist der Name des nordrussischen Waldgebietes.

Nach Taiga hieß er Lada 4x4 und ab 2014 Urban. Dann zog sich Chevrolet plötzlich freiwillig zurück und überließ den Chevrolet Niva seinen leiblichen Eltern, also AvtoVAZ. Und auch den Namen. So kann der Ur-Niva ab Modelljahr 2021 wieder Niva heißen, aber mit Zusatz: Niva Legend.

**Die ersten im Ausland gezeigten VAZ-2121 trugen noch den in kyrillischen Buchstaben beschrifteten Heckschriftzug, hier fotografiert an einem Exponat auf der Posener Messe 1977.**

**Der Schriftzug eines frühen, für den Export produzierten Wagens, »Niva« in lateinischen Lettern, fotografiert an einem frühen für Westdeutschland bestimmten Wagen im September 1978.**

Bleibt noch die Bezeichnung Shiguli (Жигчли), der Name einer 75 Kilometer langen Hügelkette am rechten Wolgaufer. So heißt die frühe Lada-Limousine in der Sowjetunion, so nannte man den Wagen in der DDR. Es war also der Markenname des Produktes von AvtoWAZ, so wie der Markenname des Produktes von Daimler-Benz »Mercedes« lautet. Für den Export taugte Shiguli nicht, es erinnert an Gigolo, also an einen männlichen Prostituierten (und im Ungarischen war es noch schlimmer!). Darum wurde der Name Shiguli im Export ab 1974 durch Lada ersetzt. Die ersten, 1972 in die DDR eingeführten Fahrzeuge, hießen noch offiziell Shiguli, und das setzte sich bei der DDR-Bevölkerung fest. Mit dem Niva wurde der Markenname Shiguli nie in Verbindung gebracht.

Bleibt als Fazit, dass die Namensgebung dieses Fahrzeug über die Jahre hinweg weit komplexer ist als seine Technikveränderungen.

Der Kleine will doch nur spielen...

| | Lada Niva 1600 | Lada Niva 1.7 i |
|---|---|---|
| **Karosserie** | selbsttragend, zweitüriger Kombi | |
| **Leergewicht in kg** | 1150 | 1150/1210 |
| **zul. Gesamtgewicht in kg** | 1550 | 1590/1610 |
| **L x B x H in cm** | 372 x 168 x 164 | |
| **Radstand in cm** | 220 | |
| **Bodenfreiheit in cm** | 22 | |
| **Fahrgestell** | | |
| **Vorderachse** | Trapez-Dreieck-Querlenker, Schraubenfedern, Kurvenstabilisator | |
| **Hinterachse** | starr, Schraubenfedern, Längsschubstreben, Panhardstab | |
| **Bremse** | Zweikreis, Servo, vo. Scheiben, hi. Trommeln | |
| **Lenkung** | Schnecke, Rolle | |
| **Felgen** | 5 1/2 J | 5, 5 1/2, 6 J |
| **Reifen** | 6.95-16 oder 175 SR 16 | 6.95-16, 175 SR 16, 185 SR 16, 195 SR 16, 205/75 R 14, 215/75 R 15, 220/70 R 15 |
| **Motor** | | |
| **Zylinder** | 4 in Reihe | |
| **Hubraum** | 1569 cm³ | 1690 cm³ |
| **Leistung** | 78 PS bei 5200 U/min | 84 PS bei 5400 U/min |
| **max. Drehmoment** | 123 Nm bei 3400 U/min | 137 Nm bei 3200 U/min |
| **Motorkonstruktion** | hängende Ventile, oben liegende Nockenwelle (Kette), Alu-Zylinderkopf, 5-fach gelagerte Kurbelwelle, Fallstrom-Registervergaser Weber 32 DCR | oben liegende Nockenwelle (Kette), Alu-Zylinderkopf, 5-fach gelagerte Kurbelwelle, elektronische Zentraleinspritzung |
| **Kraftübertragung** | Vierradantrieb, 4-Gang-Schaltung, Reduktionsgetriebe | Vierradantrieb, 5-Gang-Schaltung, Reduktionsgetriebe |
| **Verbrauch** | 9,9 Liter/100 km (Werk) | 8,6/12/10,6 Liter/100 km |
| **Höchstgeschwindigkeit** | 132 km/h | 137 km/h |

| | Lada Niva 1.9 Diesel | Lada Fora 1.8 i ( = Niva lang, viertürig) |
|---|---|---|
| **Karosserie** | selbsttragend, zweitüriger Kombi | selbsttragend, viertüriger Kombi |
| **Leergewicht in kg** | 1180/1240 | ab 1350 |
| **zul. Gesamtgewicht in kg** | 1640 | 1850 |
| **L x B x H in cm** | 372 x 168 x 164 | 424 x 168 x 164 |
| **Radstand in cm** | 220 | 270 |
| **Bodenfreiheit in cm** | 22 | 22 |
| **Fahrgestell** | | |
| **Vorderachse** | Trapez-Dreieck-Querlenker, Schraubenfedern, Kurvenstabilisator | |
| **Hinterachse** | starr, Schraubenfedern, Längsschubstreben, Panhardstab | |
| **Bremse** | Zweikreis, Servo, vo. Scheiben, hi. Trommeln | |
| **Lenkung** | Schnecke, Rolle | |
| **Felgen** | 5, 5 1/2, 6 J | |
| **Reifen** | 6.95-16, 175 SR 16, 185 SR 16, 195 SR 16, 205/75 R 14, 215/75 R 15, 220/70 R 15 | |
| **Motor** | | |
| **Zylinder** | 4 in Reihe | |
| **Hubraum** | 1905 cm³ | 1774 cm³ |
| **Leistung** | 65 PS bei 4600 U/min | 91 PS bei 5400 U/min |
| **max. Drehmoment** | 121 Nm bei 2200 U/min | 140 Nm bei 3200 U/min |
| **Motorkonstruktion** | parallele Ventile, oben liegende Nockenwelle (Kette), Alu-Zylinderkopf, 5-fach gelagerte Kurbelwelle, Diesel-Einspritzpumpe | oben liegende Nockenwelle (Kette), Alu-Zylinderkopf, 5-fach gelagerte Kurbelwelle, elektronische Zentraleinspritzung |
| **Kraftübertragung** | Vierradantrieb, 5-Gang-Schaltung, Reduktionsgetriebe | |
| **Verbrauch** | 7,2/7,8/8,5 Liter/100 km | ca. 10 bis 12,5 Liter/100 km |
| **Höchstgeschwindigkeit** | ca. 120 km/h | 140 km/h |

MotorKlassik

# DER NEUE RATGEBER ZUM KAUF ALTER AUTOS

Der Kauf-Ratgeber für Young- und Oldtimer.

www.motor-klassik.de

Kult. Klassik. Kaufberatung.

**Den aktuellen Motor Klassik Kauf-Ratgeber für Einsteiger gibt es für 10,90 Euro im Handel oder hier:**

+49 (0) 781 639-6659 | motorklassik@burdadirect.de | motor-klassik.de/spezial

Jedes Auto hat seine Geschichte.